U0173413

工程卫士
建设发家

王旱生

二〇二二年八月十六日

2023 中国建设监理与咨询

——监理企业改革发展经验交流会（兰州）

主编　中国建设监理协会

中国建筑工业出版社

图书在版编目（CIP）数据

2023 中国建设监理与咨询 . 监理企业改革发展经验交流会（兰州）/ 中国建设监理协会主编 . —北京：中国建筑工业出版社，2023.8
ISBN 978-7-112-28967-7

Ⅰ . ① 2… Ⅱ . ①中… Ⅲ . ①建筑工程－监理工作－研究－中国 Ⅳ . ① TU712.2

中国国家版本馆 CIP 数据核字（2023）第 143964 号

责任编辑：焦　阳　陈小娟
文字编辑：汪箫仪
责任校对：王　烨

2023 中国建设监理与咨询
——监理企业改革发展经验交流会（兰州）
主编　中国建设监理协会
*
中国建筑工业出版社出版、发行（北京海淀三里河路 9 号）
各地新华书店、建筑书店经销
北京雅盈中佳图文设计公司制版
天津图文方嘉印刷有限公司印刷
*
开本：880 毫米 ×1230 毫米　1/16　印张：7$\frac{1}{2}$　字数：300 千字
2023 年 8 月第一版　2023 年 8 月第一次印刷
定价：35.00 元
ISBN 978-7-112-28967-7
（41676）

目录 CONTENTS

中国建设监理协会化工监理分会2023年常务理事会议在天津顺利召开

为全面贯彻落实党的二十大精神，传达贯彻中国建设监理协会《2023年工作要点》等有关文件，研讨交流化工分会开展纪念中国建设监理协会成立30周年暨监理制度建立35周年活动内容，推动化工监理企业转型升级，促进监理行业高质量发展，研究安排化工监理分会2023年重点工作。2023年6月1日，中国建设监理协会化工监理分会在天津顺利召开常务理事会议。会议由化工监理分会会长王红主持。中国建设监理协会副会长兼秘书长王学军、中国建设监理协会化工监理分会顾问余津勃、中国化工施工企业协会秘书长施志勇、天津建设监理协会领导莅临会议指导。分会常务理事会单位40余名代表参加了会议。

会议承办单位代表北京中恒信达工程项目管理有限公司总经理林桢晟致欢迎辞。

中国建设监理协会副会长兼秘书长王学军充分肯定了分会工作，认为分会及会员单位在化工工程建设中发挥了极其重要的作用，并从三个方面通报了协会近年来主要工作情况：一是推进会员诚信建设；二是推进会员业务素质提高；三是促进监理企业高质量发展。

化工监理分会会长王红报告了分会2023年工作安排。具体内容是：一要配合行业主管部门做好工作；二要加强化工监理行业自律管理；三要做好化工行业发展研讨工作；四要做好《化工建设工程监理规程》的宣贯工作；五要做好会员服务和管理工作；六要贯彻执行全国建设监理协会秘书长工作会议精神。

河南省建设监理协会会长孙惠民一行到访中国建设监理协会

2023年6月5日，中国建设监理协会会长王早生、副会长兼秘书长王学军、副秘书长温健与到访的河南省建设监理协会会长孙惠民一行进行座谈交流。

河南省建设监理协会全面介绍了中国建设监理协会委托的《建设工程监理团体标准编制导则》修订、"监理人员职业标准"课题成果转团体标准研究、《城市道路工程监理工作标准》审核发布，以及中南片区业务辅导活动等工作的进展情况，并提出了下一步的工作思路。

王学军秘书长表示，河南协会各项工作开展有力，成效显著。在《建设工程监理团体标准编制导则》修订方面，建议进一步吸收近几年团标编制经验，尽量固化相关内容，使标准更加与时俱进，更具有指导性。在"监理人员职业标准"团标研究方面，建议更加突出党的领导、爱国敬业等特色，做好对监理人员分级管理的研究。在片区业务辅导活动方面，建议线上线下同时进行，内容更侧重于监理人员培训及团标宣贯。

王早生会长对河南协会认真负责的工作态度和严谨务实的工作作风给予了充分肯定，对河南协会大力支持协会各项工作表示衷心感谢，并指出《建设工程监理团体标准编制导则》修订要突出系统性、前瞻性和实操性，使其能够指导团标编制的各阶段以及全过程；"监理人员职业标准"课题成果转团体标准研究，要旗帜鲜明突出政治特色。王早生会长强调，片区业务辅导活动要明确培训主体、突出培训要点，切实做好为个人会员服务工作，使辅导活动接地气、有意义，使协会会员学有所成、学有所得。

上海市建设工程咨询行业协会第五届第一次会员大会暨第一次理事会、监事会召开

2023年5月26日，上海市建设工程咨询行业协会（以下简称"协会"）召开第五届第一次会员大会暨第一次理事会、监事会。中国建设监理协会会长王早生、中国建设工程造价管理协会副理事长兼秘书长王中和、上海市住房和城乡建设管理委员会政策研究室主任徐存福、上海市民政局社团管理处二级调研员刘占一出席并讲话。

王早生会长在致辞中表示，上海是中共一大会议召开之地，上海协会和企业要坚守建党精神，保持求真务实、锐意进取的优良作风，继续在推动我国工程监理制度改革、企业转型升级、开展全过程工程咨询等方面发挥引领作用，并勉励协会和会员企业把握机遇继续做大做强。

协会第五届第一次会员大会以及第一次理事会会议分别由协会第四届副会长郑刚、第四届常务副会长刘嘉主持。第一次理事会会议选举以后，继续召开会员大会，由第五届常务副会长张强主持。

协会第四届监事长郭康玺，第四届理事会副会长马军、刘永新，第四届秘书长徐逢治等在会上宣读了提请全体会员审议的会议文件。

大会审议通过了协会第四届理事会工作报告、监事会工作报告、财务收支审计报告、协会法人变更经济责任专项审计报告；举手表决通过了修改调整后的《上海市建设工程咨询行业协会章程》《理事会和监事会选举办法》，以及换届选举总监票人和监票人名单等；投票表决通过了《上海市建设工程咨询行业协会会费标准和管理制度》；选举产生了协会第五届理事会理事、监事会监事，以及第五届会长、常务副会长（法定代表人）、副会长、常务理事、监事长、副监事长等。

华东建筑集团股份有限公司党委副书记、工会主席夏冰当选为协会第五届理事会会长；上海建科集团股份有限公司党委副书记、工会主席徐文当选协会第五届监事会监事长；会议还表决通过了聘任徐逢治为第五届协会秘书长的决议。

本次换届选举，严格按照《上海市社会团体换届选举工作指引》的相关要求在程序上做到了规范有序，公正公开。

徐文监事长在就职发言中表示不会辜负广大会员单位的信任，向会员大会代表负责，将带领监事会做好各项事务，认真学习各项章程，认真履行监事会的职责，严守纪律，积极作为。

夏冰会长强调协会下一步工作要做好三个坚持：第一，坚持服务立会、服务兴会，行业协会肩负着为政府为企业双向服务的职责，面对新的形势，协会要着眼于行业发展的全局性，提高协会服务层次和服务质量，拓展服务内容，改进服务方式；第二，坚持创新引领，夯实发展根基，抓创新、促改革，激发高质量发展新动能，要成为协会今后工作的重点；第三，坚持规范运营，加强自身建设，加强党建引领工作，提升党群思想认识，抓好团队建设，提高协会的工作效率。

本次会议有350多人参加，有《建筑时报》《建设监理》等媒体出席。

会议同时也收到了来自北京、广东、四川、浙江、重庆等全国各省市30多家兄弟协会和组织专门发来的贺信。

（上海市建设工程咨询行业协会　供稿）

河南省建设监理协会在豫北开展监理工作情况调研

为了解行业真实现状，提高协会服务和决策的针对性、科学性，助力行业企业转型升级和创新发展，2023年5月25日，河南省建设监理协会在豫北地区开展监理工作情况调研。协会秘书长耿春、副会长方永亮，副秘书长、鹤壁市自律工作小组督导员李勇，副秘书长、濮阳市自律工作小组督导员葛勇，副秘书长、办公室主任张清，安阳、鹤壁、濮阳三市自律工作小组负责同志参加调研，豫北三市监理企业代表近20人参加了座谈交流。

座谈会分别听取了安阳、鹤壁、濮阳三市监理行业发展情况和自律工作开展情况的报告。各监理企业代表提出了各自经营中遇到的问题、困难和疑惑，与会专家分别进行了指导，就有关问题进行了深入分析和探讨。

会议指出，协会将认真梳理本次调研中企业反馈的问题，针对加强人才培养、强化行业自律建设等建议，协会将及时作出响应。涉及政府和其他部门的，协会将保持沟通交流，积极反映行业企业诉求，为企业发展提供力所能及的帮助。

会议强调，作为市场主体，监理企业要明确自身定位，适应市场大环境的变化，顺势而为。面对困难和问题，不能"等、靠、要"，要内观，从自身找问题、想办法。以人民为中心、推进中国式现代化的共同富裕、建立国家统一大市场、打通国内大循环、深化政府"放管服"改革等，正在深刻改变各行各业，"宽进、严管、重罚"的行政审批思路，会有更多的新企业成立，以及越来越多的省外企业进来，也会有越来越多的企业走出去，市场主体会越来越多，市场竞争也将会越来越激烈。打铁还需自身硬，企业要加强自身建设，增强拿项目的经营能力，树立做项目的正确价值观，提升管项目的技术水平，坚持做正确的事、做受人尊重的监理企业、做受人尊重的监理人，共同维护好、建设好、发展好监理事业，塑造行业持续健康发展的良好环境。

河北省建筑市场发展研究会监理业务知识培训班成功举办

2023年5月29—30日上午，河北省建筑市场发展研究会监理业务知识培训班成功举办。河北省建设厅工程质量安全监管处副处长朱锐莅临指导，研究会会长倪文国、秘书长穆彩霞出席培训班，培训采取线下和线上同步直播方式进行，来自全省各地的150余名监理企业技术负责人和总监理工程师参加现场培训，3万人次观看线上同步直播。活动由穆彩霞秘书长主持。

朱锐副处长强调了三点：监理企业一要坚持服务大局，切实保障质量安全；二要加快转型升级，推动企业创新发展；三要坚持初心为本，提升人员业务水平。

倪文国会长指出，监理从业人员要进一步提高履行建设工程安全生产管理法定职责和施工现场危险源管控能力，做好现场监理资料填报与归档工作。他要求参加现场培训和线上直播的人员珍惜此次培训机会，认真学习，通过学习和交流，达到开阔思路、提升水平、增强自身综合能力的目的，做到学以致用，能够把所学知识，运用到日常工作中。

本次培训邀请成军教授就《安全生产法》分别从负责必明责、履责必尽责、失责必问责等方面结合法律、法规、标准、规范以及现场案例，详细讲解了监理单位安全生产职责与法律责任，以及监理单位施工现场危险源管控的要点；河北广德工程监理有限公司总经理、高级工程师邵永民从监理文件资料的主要内容、填报、管理与归档和工程质量安全事故中监理文件资料存在的问题四个方面详细讲解了监理资料的相关内容。

（河北省建筑市场发展研究会 供稿）

天津市建设监理协会与天津大学建筑工程学院举行合作框架协议签署仪式

2023年5月25日，天津市建设监理协会与天津大学建筑工程学院合作框架协议签署仪式在天津大学建筑工程学院会议室举行。

天津大学建筑工程学院党委书记马德刚、副院长王希然等相关负责人，天津市建设监理协会理事长吴树勇、副理事长兼秘书长赵光琪、副理事长郑国华和王少强、监事长石岜及秘书处相关负责人出席仪式。仪式由天津大学建筑工程学院高端教育培训中心主任白杰主持。

马德刚书记在致辞中指出：双方正式签署合作框架协议，标志着双方合作开启了新篇章，要通过深化合作，充分发挥建工学院人才和智力资源密集的优势，以及监理协会资源和实践经验丰富的优势，共同促进监理行业，提高人才培养的质量。希望双方切实做好合作的规划设计，形成更具可操作性的方案，把合作协议所确立的各项任务落实落地，切实实现双方互补共进、互利共赢。

吴树勇理事长表示：天津大学是中国第一所现代大学，为国家培养出了一批又一批有"家国情怀、全球视野、创新精神和实践能力"的领军人才、实干人才。监理协会与天津大学签署合作框架协议具有里程碑式的重要意义，在今后的合作中，双方要秉持"平等合作、优势互补、互惠共赢、务实高效、共同发展"的原则，结合协会在工程监理、项目管理、工程全过程咨询服务等领域的行业优势，充分发挥天津大学建工学院在工程建设领域科学研究、成果转化、人才培养等方面的优势，携手打造高校与协会合作新典范，推动监理行业的高质量发展。

天津市建设监理协会副理事长兼秘书长赵光琪、天津大学建筑工程学院副院长王希然分别代表天津市建设监理协会和天津大学建筑工程学院签署了合作框架协议。

根据协议，双方将在产学研合作、创新科研平台建设、关键技术攻关、高层次技术人才和管理人才培养等方面开展合作，共同为推动监理事业发展作出应有贡献。

广西建设监理协会组织会员单位开展"学习贯彻习近平新时代中国特色社会主义思想主题教育　支部共建凝心聚力谋发展"主题党日活动

为深入学习贯彻党的二十大精神，深入开展了学习贯彻习近平新时代中国特色社会主义思想主题教育，推动主题教育扎实开展，实现支部共建聚合力，优势互补促发展。2023年5月25日，协会组织会员单位在南宁经济技术开发区两新领域电影党校开展"学习贯彻习近平新时代中国特色社会主义思想主题教育 支部共建凝心聚力谋发展"主题党日活动。广西建设监理协会党支部、广西建筑科学研究设计院第五党支部（广西城建咨询有限公司党支部）、广西万安工程咨询有限公司党支部、广西壮族自治区建筑工程承包公司党支部、广西力元工程项目管理有限公司党支部、上海建科工程咨询有限公司广西公司党支部、公诚管理咨询有限公司第五分公司第四党支部党员、发展对象及入党积极分子90余人参加活动。

活动由广西建设监理协会党支部书记、会长陈群毓主持，参加活动的7个党支部分别对各自支部党建工作及学习贯彻习近平新时代中国特色社会主义思想主题教育开展情况进行了交流。

大家在党校书记刘军的带领下体验沉浸式课堂《红》。《红》通过戏剧的表现手法，将《我爱你，中国！》《五四精神》《红船之上》《江姐》等实景进行沉浸式演出，重现百年前波澜壮阔的历史，让参加党员置身于从救国到中华人民共和国成立再到强国的伟大历史征程中。

最后，全体党员面对党旗举起右拳庄严宣誓，表达着为党的事业奋斗终身的决心和坚定信念。

此次主题党日活动，党员同志们接受了一次深刻的党性教育和精神洗礼，进一步坚定了理想信念，在今后的工作中将立足本职岗位，把爱国之情、忠诚之心转化为推进行业高质量发展的行动自觉，充分发挥党员先锋模范作用，做好传承红色基因的"火炬手"，握好时代"接力棒"。

（广西建设监理协会　供稿）

山东省建设监理与咨询协会开展大调研大走访系列活动

2023 年 5 月 18 日，山东省建设监理与咨询协会党支部及秘书处人员一行 10 人赴临沂沂南开展"走基层 察实情 谋发展"区域调研活动。省协会常务副秘书长李虚进、秘书处部门负责人等，临沂市建设监理协会会长解长波、秘书长林辉及会员企业代表共计 20 余人参加调研座谈。会议由省协会教育信息部部长李建主持。

大家首先学习了党的二十大会议精神，认真领会党的二十大精神丰富内涵、精神实质和实践要求，深刻领悟"两个确立"的决定性意义，增强"四个意识"、坚定"四个自信"、做到"两个维护"。

解长波会长就临沂市工程监理与咨询行业发展情况做了介绍。李虚进副秘书长报告了协会 2022 年党建、重点业务工作及 2023 年工作计划，就企业关心的资质审批政策、流程做了交流。参会企业代表交流了企业目前的经营状况及业务发展过程中工程项目减少、市场竞争大、监理取费低、安全责任扩大、监理人才流失、人才储备断层、回款困难、外来企业扩张、企业转型升级困难、诚信信用体系不完善以及招标投标市场不规范等问题和困难。

李虚进副秘书长做会议总结，一是要求监理企业切实落实省住房和城乡建设厅近期在潍坊开展监理工作观摩交流活动的精神，认真做好质量安全的监理工作，当好"工程卫士、建设管家"，做好风险管理，积极将数字化、智慧化科学技术应用于监理，积极转型升级拓展服务领域和业务，共同为行业持续良性发展贡献力量；二是强调山东省协会工作要一直将会员企业的需求放在首位，持续发挥好桥梁纽带作用，认真梳理汇总反映的困难和问题，将诉求及时反馈给行业主管部门；三是行业协会要加强自律，企业要创建监理品牌，提升行业良好形象，不断提高社会地位。

会后，调研组到沂南县建设工程监理有限责任公司监理的保利锦悦府项目实地调研、慰问，观摩监理工程，与项目监理部人员交流座谈，查阅项目监理文件资料探讨问题，为一线工作的监理人员赠送生活物品，做会员单位的贴心人，送温暖到基层。

（山东省建设监理与咨询协会 供稿）

助力行业转型升级 下沉人才培养服务
——山东省工程建设全过程工程咨询项目负责人培训班第一期圆满结束

为进一步加快推进山东省监理与咨询行业转型升级，培养全过程工程咨询服务高水平复合型人才，满足会员单位的需求，2023 年 5 月 29—31 日，山东省建设监理与咨询协会联合山东人才发展集团、济南项目管理协会在泰安市举办了第一期"全省工程建设全过程工程咨询项目负责人培训班"，省内 120 余家会员单位，共 270 余人参加培训。副理事长兼秘书长陈文做开班动员讲话，常务副秘书长李虚进主持。

培训班邀请省内外行业知名专家徐友全、侯福燕、刘丽、李绍波、曲绍红、方绍勇、孙百玲 7 位就全过程工程咨询实践与思考、全过程工程咨询规划设计与技术管理、项目全过程造价咨询概述、全过程工程咨询案例、全过程工程咨询智慧化创新应用平台（"方圆 BIM 云"全生命工程管理集成协同总控平台），以及项目管理知识体系在建设工程领域的应用等，为学员进行了讲授、辅导和实战案例讲解。

此次培训班反响热烈，课程内容丰富、主题突出、针对性强、结合实际紧密，既开阔了视野，又弥补了知识短板，能为有效提升能力素质和工作水平提供有力的支持和帮助，能为行业加快培育全过程工程咨询专业技术人才奠定前期基础，能为推动全过程咨询行业的高质量发展培养重要骨干力量，能提升为客户"创造价值、满意服务"的能力，同时培训也发挥了优质资源共享效应，搭建了会员单位、学员之间的交流沟通与合作平台。

中韬华胜公司举办"安康杯"知识竞赛暨安全生产月启动仪式

为深入学习贯彻党的二十大精神，全面落实习近平总书记对安全生产工作作出的重要指示批示精神，更好地迎接第 22 个全国"安全生产月"活动，牢固树立安全生产理念，大力提升企业安全生产管理水平和广大职工安全生产意识。2023 年 6 月 3 日，中韬华胜公司举办了以"学习贯彻二十大 筑牢质量安全线"为主题的"安康杯"知识竞赛暨安全生产月启动仪式，活动以"线上 + 线下"联动的方式进行。

中国建设监理协会副秘书长温健，湖北省住房和城乡建设厅建筑市场监管处一级调研员戴剑锋，湖北省建设工程质量安全监督总站站长杨碧华、科长郭陆，武汉市城乡建设局副局长周才志，武汉市城乡建设局质安处处长夏亮，武汉市总工会建筑行业工会联合会主席石绪国、副主席韩冰，武汉市建设工程安全监督站站长杨劼以及部分业主代表，安徽省、河南省、湖北省、武汉市行业协会代表出席本次活动。

温健副秘书长在致辞中强调，建筑安全生产责任重大，工程监理行业使命在身。一是思想上高度重视。从讲政治、以人民为中心的高度上增强安全意识，强化监理履职，提升监理作为，从而不断提高政治站位。二是行动上坚决落实。要坚决扛起安全生产监理责任，落细落实安全生产措施。三是工作上协同一致。要共筑"安全网"，工程监理企业负责人要把"五带头"落实在监理工作上，把"安全生产月"系列活动作为当前的重点工作抓紧抓好。

石绪国主席谈到，此次"安康杯"知识竞赛以党建引领安全生产航向，以知识强化安全生产意识，用比拼筑牢安全生产屏障，是一次非常有意义的活动。他号召大家都积极投身于"安全生产月"活动中来，将安全生产理念内化于心、外践于行，凝聚"生命至上"共识、汇聚"安全发展"合力，共同建设更加安全、更加稳定、更加美好的生产生活环境。

据了解，此次竞赛初赛、复赛共历时两个月，初赛阶段约 700 余人参与学习测试，经过初赛、复赛激烈角逐，决出最终参与决赛的 8 支战队共 24 人。决赛采取积分制方式，主要围绕党的二十大报告、《中国共产党章程》、新《安全生产法》及其他安全法律法规、安全规章制度以及安全生产基础知识等方面内容。题型新颖，形式多样，是党的二十大知识与安全生产知识相结合的一场综合竞赛。

比赛中，选手们精神饱满、斗志昂扬，8 支代表队密切配合、你来我往、巧妙应对，将比赛推向高潮。

此次竞赛活动有效推动了党建与质量安全管理工作的深度融合，进一步激发全员参与学习党的二十大精神的积极性和主动性，推动主题教育成果转化为保障工程质量安全的实际效果，进一步强化安全意识、普及安全知识、弘扬安全文化、夯实安全基础，营造良好的安全生产环境。下一步，中韬华胜公司将以本次"安康杯"知识竞赛为载体，以"安全生产月"活动为契机，在工程监理行业发挥好会长单位的作用，努力把学习贯彻党的二十大精神活动引向深入，积极营造安全生产良好社会氛围，为武汉工程监理行业健康可持续发展和武汉经济社会发展贡献出更大的力量。

监理企业改革发展经验交流会在兰州顺利召开

2023 年 7 月 27 日，由中国建设监理协会主办、甘肃省建设监理协会协办的监理企业改革发展经验交流会在甘肃兰州顺利召开。来自 30 个省、10 个行业协会分会，近 400 名代表参加会议。为扩大交流会的影响力和受众面，会议开设了现场直播，累计观看达 5 万余人次。甘肃省住房和城乡建设厅二级巡视员王光照，中国建设监理协会会长王早生，中国建设监理协会副会长兼秘书长王学军，甘肃省住房和城乡建设厅建筑市场监管处处长程继军，甘肃工程咨询集团党委副书记、董事、总经理张佩峰，甘肃省建设监理协会会长魏和中出席会议。甘肃省住房和城乡建设厅二级巡视员王光照，甘肃省工程咨询集团党委副书记、董事、总经理张佩峰作大会致辞。会议由中国建设监理协会副会长李明安主持。

中国建设监理协会会长王早生作"改革促发展 创新赢生机"主题讲话。他分析了当前监理面临的形势，提出监理企业要利用改革创新的思维、办法和手段破难题、促发展，并从产权制度改革、培育全过程工程咨询能力、科技创新、文化创新、创新人才培养等方面提出了企业高质量发展的思路和途径。他号召监理人要不忘初心，履职尽责，当好"工程卫士、建设管家"。

甘肃省建设监理有限责任公司等 9 家监理企业分享了他们在改革创新发展方面的经验和做法。

中国建设监理协会副会长兼秘书长王学军作会议总结，他指出监理要从增强政治意识、树立诚信观念、加强队伍建设、强化标准建设、推进科技建设、注重安全管理等 6 个方面提升专业技能，改革服务方式。他希望监理人要在回顾过去中增强信心，在展望未来中树立勇气，携起手来踔厉奋进、笃行不怠，为监理行业美好的明天、为祖国经济建设高质量发展、为实现中华民族伟大复兴而努力奋斗。

改革促发展　创新赢生机

王早生

中国建设监理协会会长

（2023 年 7 月 27 日）

尊敬的各位领导、各位专家、各位同行：

大家上午好！我们今天在兰州召开监理企业改革发展经验交流会。会议将围绕监理企业深化改革与创新发展的经验进行交流。这对于提高监理企业管理水平，增强企业核心竞争力，推进监理行业高质量发展等方面，都将具有积极的促进作用。在 9 个单位作经验交流之前，我先谈几点意见，供参考。

一、凝聚共识，坚持走高质量发展之路

当前，监理行业正处于前所未有的变革时期。随着国家经济发展进入高质量发展阶段，供给侧结构性改革、建筑业改革和工程建设组织模式变革的深入推进，建筑业提质增效、转型升级的需求十分迫切。面对百年未有之大变局，国际、国内、各行各业，包括监理自身等方方面面都在经历巨大的变化，我们要以踔厉奋发的姿态，迎接未来的机遇和挑战。

2017 年，党的十九大首次提出"高质量发展"，表明中国经济由高速增长阶段转向高质量发展阶段。2022 年，党的二十大指出高质量发展是全面建设社会主义现代化国家的首要任务。2023 年，中共中央、国务院发布了《质量强国建设纲要》，将质量强国提升为一项国家战略，这也表明了国家推动经济社会高质量发展的决心和部署。习近平总书记强调，高质量发展是"十四五"乃至更长时期我国经济社会发展的主题。"高质量"是实现中国式现代化的核心路径，高质量发展是对经济社会发展方方面面的总要求，各行各业都要积极参与，监理行业也不例外。

在市场经济中，企业是最活跃的市场主体，也是实现市场经济高质量发展的基础。国家提出的高质量发展强调"坚持质量第一、效益优先"，对监理企业来说，高质量发展，就是突破发展瓶颈、厚植发展优势、创新发展方式，全力做好工程监理工作，成为工程质量安全不可或缺的"保障网"，提高工程建设水平、投资效益的"助力器"，工程建设高质量发展的"守护者"，用实际工作成果赢得业主信任和发展效益，进而做强做优做大企业。

做强做优做大企业，是贯彻落实习近平总书记重要指示要求和党中央决策部署的具体行动。习近平总书记就国有企业为什么要做强做优做大、怎样做强做优做大这个重大时代命题，发表了一系列重要讲话，作出了一系列重要指示。党的十八届五中全会强调"坚定不移把国有企业做强做优做大"，党的十九大和十九届四中全会强调"做强做优做大国有资本"，党的十九届五中全会提出"做强做优做大国有资本和国有企业"，党的二十大报告重申"推动国有资本和国有企业做强做优做大"。日前印发的《中共中央 国务院关于促进民营经济发展壮大的意见》也对民营经济发展提出"促进民营经济做大做优做强"的要求。

在做强做优做大的同时，监理企业应该深耕于做专做精，根据市场和业主要求提供专业化、特色化的服务。做强做优做大与做专做精不但不矛盾，还能相互促进。认真学习贯彻国家的方针政策，多元化综合型的大型企业要以做强做优做大为目标，努力发展成龙头企业，引领中小型企业积极稳定地发展。只有通过众多企业的高质量发展，才能推动行业的高质量发展。

近些年，全国监理企业数量实现了快速增长，但数量的增长并不等同于高质量发展，困扰监理企业发展的一些问题依然存在。我们要深入研究，勇敢面对挑战，找准制约企业发展的瓶颈，以

改革创新的思维、办法和手段破难题、促发展。同时我们也要不忘初心，履职尽责，通过采取"树正气、补短板、强基础、扩规模"的措施，以高质量为目标积极转型升级，当好"工程卫士、建设管家"。

二、坚持改革引领，破解发展困局

习近平总书记指出，全面深化改革，全面者，就是要统筹推进各领域改革，就需要有管总的目标，也要回答推进各领域改革最终是为了什么、要取得什么样的整体结果这个问题。改革的思维要与问题导向对应。改革由问题倒逼而起，又在解决问题中深化。我们要思考监理的困局是什么。我认为监理最根本的困局一个是人才，一个是效益。怎么培养和吸引人才，怎么提高效益，相信也是每一个企业家都在思考的问题。

（一）深化改革要以凝聚人心为目标

我国坚持公有制为主体、多种所有制经济共同发展，按劳分配为主体、多种分配方式并存，社会主义市场经济体制等基本经济制度，为我国经济高质量发展奠定了坚实的制度基础。孟子曰："有恒产者有恒心"，深化企业产权制度改革，是促进企业高质量发展的重要途径。

2023年7月18日，全国国有企业改革深化提升行动动员部署电视电话会议在北京召开，标志着新一轮国企改革深化提升行动启动，与此前的国企改革三年行动相比，有了更高的站位，也提出了新的具体改革要求。国资委也将中央企业2023年主要经营指标调整为"一利五率"，提出了"一增一稳四提升"的年度经营目标，推动中央企业提高核心竞争力，加快实现高质量发展。国有企业是国民经济的重要支柱，是保证实现收入公平的重要力量，在居民收入分配中发挥着稳定器的作用。国有企业要以服务国家战略为导向，发挥体制、信用等优势，健全收入分配机制，建立多元化、多层次的全面薪酬激励体系，充分调动员工的积极性、主动性、创造性，激发国有企业活力，增强国有企业的核心功能和核心竞争力，为国有企业的高质量发展提供坚实的保障。

全国10000多家监理企业中，国有企业占少数，大多数还是民营企业。有的是家族式经营，有的是合伙制经营，还有一些股份制经营，个别的上市公司等，每种体制都各有利弊。这些民营企业可以根据自身情况，在不同发展阶段，采取不同的发展方式，在企业内部积极构建和谐的劳动关系，推动构建全体员工利益共同体，让企业发展成果更多更公平地惠及全体员工，促进共同富裕。家族式经营的企业，可以通过寻找优质的合作伙伴，从股权高度集中的家庭结构向合伙制的股权结构改革，为企业发展注入新动能。已经建立股份制的企业和已经上市的企业，可以通过股权股份结构的合理调整和配股倾斜，形成公司的核心层、中坚层，吸纳优秀人才，充分调动员工的积极性，培养员工的主人翁意识，实现企业与员工共享共创共担共赢。

总而言之，监理作为咨询行业，既不是靠土地、厂房和设备等物资投入，也不是靠资金投入，最重要的是靠懂技术、懂管理的人。我们的目的是要通过改革，充分调动人的主观能动性，让全体员工对企业有信心，能够同舟共济、同甘共苦，促进企业发展，增强竞争能力，实现共同富裕。

（二）培育全过程工程咨询能力

简政放权形势下，政府对市场的干预度在降低，市场的开放程度在提高，业主日益重视服务供应商的综合咨询服务能力，同时也不断追求项目管理的集成性、高效性和经济性。全球经济一体化和"一带一路"倡议的落地，为我国工程咨询服务走出去提供了机遇。激烈的国际市场竞争必然冲击传统的、效率低下的模式，而伴随着国内建设项目组织实施方式的变革，全过程工程咨询正在形成新的实践，重新建立新的规则和价值链条，并给建设领域带来新的秩序和新的思想。

对于监理企业来说，开展全过程工程咨询服务是监理企业转型升级和服务模式调整的发展方向和最高模式，但不是唯一的模式，并不是要求所有监理企业都要转型成为能提供全过程工程咨询服务的企业，而是部分有条件、有发展潜力的企业要发展成为具有国际水平的工程建设全过程工程咨询企业，正如建设部总工程师同时也是协会第一届理事会常务副会长姚兵为协会成立30周年所作的题词"建设监理 全球争先"，这既是对监理的一种鞭策，更是一种殷切的期望。

有的同志以为鼓励开展全过程工程咨询就是不要监理了，实际上，监理和全过程工程咨询的终极目标完全一致，都是为了促进监理行业和建筑业的高质量发展，开展全过程工程咨询服务也是监理企业破局增效的手段之一。

我们对全过程工程咨询服务概念要有正确的理解。要充分认识到工程建设阶段是有限和确定的，但全过程工程咨询服务具体内容是无限和不确定的。市场需求的具体内容是变化和不确定的，是随着具体项目内容和市场需要变化的。既可能有技术方面的咨询需求，又可能有投资、经济、管理、法律、文化、环境、资源、市场等方方面面的咨询需求；既可能是项目整体和全过程委托，又可能是部分或单项委托。因此，企业发展全过程工程咨询服务应该追求的是全过程工程咨询服务自身统筹能力和社会资源整合能力建设，以及创新能力的建设。

从事全过程工程咨询服务，企业应具备为工程建设过程各阶段提供咨询服务和创新发展的能力。但工程建设全过程从项目策划、可行性研究、项目立项，到具体规划、勘察、设计、施工、验收运营，再到后期管理全过程周期长，咨询内容所需专业知识和经验跨度大，涉及面广，不是任何企业短时间内能够做到的，因此，对监理企业来说，在向全过程工程咨询发展过程中，应分阶段、分步骤推进实施，积极拓展多元化咨询服务业务，培育全过程工程咨询服务能力，为客户提供"菜单式"咨询服务，成为企业新的效益增长点，保证企业规模效益持续稳定增长。如果全过程工程咨询服务到位，为业主创造的价值得到充分认可，企业的效益也会大幅提高。国外全过程工程咨询的服务取费一般占投资的5%~10%，如苏州工业园区的一个美国企业投资6亿元的制药项目，业主付给新加坡顾问公司的服务费为6000万元，服务费占10%，高度认可顾问公司的服务价值。如果不能为业主创造价值，业主也不会付这么多费用。

当然，全过程工程咨询作为一种科学高效的项目组织实施模式并不是大型、综合型企业专属的项目组织实施模式。中小型、专业型企业也可以通过联营的方式建立联合体开展全过程工程咨询服务。实践中的例子也很多。

三、坚持创新驱动发展，提升核心竞争力

创新是企业高质量发展的第一驱动力。只有通过创新才能保证企业具有核心竞争力。在数字经济浪潮下，随着物联网、5G、大数据应用范围不断拓展和人工智能技术日渐成熟，工程监理作为"工程卫士、建设管家"，要想在市场竞争中始终保持优势，就要依靠创新工作方式、手段来解决监理传统工作模式的科技引领能力不足、管理手段单一、工作价值无法完整体现等问题。我们要依靠创新，向科技要效益、向管理要效益、向人才要效益。

（一）加强科技创新

科技是第一生产力，信息化不仅仅是一种技术，信息化带来的是整个社会的变革。企业创新发展离不开信息化，只有将信息化建设作为主攻方向，企业才能插上翅膀，实现腾飞。我们都知道，监理的职责包含"监督"和"管理"，这就离不开监理人员在现场到岗履职。有的企业中标项目多，项目遍布全国各地，在今后人口红利逐渐下降、人工成本不断提高的趋势下，企业要实现持续发展，就要运用信息化技术，减员提质增效。这里说的"减员"并不是偷工减料、降低服务质量，而是采用施工现场巡查穿戴设备、无人机巡查、实时监控、物联网、人工智能等信息系统和装备，对关键节点、关键部位实施科学管控，提高监管精确度和工作效率。与传统监理相比，提质增效在现代化监理中得以充分体现。例如传统监理在施工过程中发现问题，现代化监理则通过BIM技术在模拟施工中分析问题，从时间、空间维度实现项目进度、质量、造价等要素管理一体化，避免了施工过程的资源浪费。对于项目分布全国各地的企业，传统监理模式下，企业总部由于人才短缺，对项目监理机构的管控通常不到位，现代化监理则应用信息化平台和移动通信设备等，实现现场与总部的协同工作，及时准确地了解项目现场实际工作状态，对分散在全国各地的项目进行科学化、标准化、规范化、格式化的管理，实现了前方有管理后方有支撑的管理模式，提升了企业管理水平，降低了经营成本和经营风险。但目前大多数监理企业的信息化水平还不高，监理企业应提高思想认识，高度重视企业信息化建设，以信息化助力企业实现"精前端、强后台"的项目协同管理，为业主提供高质量的信息化监理服务。

（二）重视企业文化创新

企业文化是企业的无形资产，是企业的软实力。对外可以提升企业应变能力，对内可以提升企业员工的凝聚力与向心力。监理企业在培育和形成先进企业文化过程中，要充分发挥员工的主体地位，提高员工参与度，发扬民主，达到双向认可，双向支持，双向融合。一是要树立客户利益至上的理念。监理是因业主和项目的需求而存在和发展的，如果忽视了业主的利益，那就是竭泽而渔的做法。监理现在面临业主不信任、不敢充分授权的问题，很大程度上就是因为忽略了业主利益。二是要树立质量为先的理念。监理要牢牢立足保障工程质量安全这个监理工作的出发点和落脚

点，严格落实企业主体责任，把质量安全作为监理的核心职责，在履职中时刻保持警觉，时刻牢记质量安全使命。三是要树立至诚至信的理念。所谓"诚招天下客，誉从信中来"，要将诚信内化于心，外化于行，培育诚信自觉，将诚信转化为财富。

（三）创新人才培养

高质量发展最终要靠高质量人才。企业要想持续发展，就必须增强整体能力和整体素质。尤其监理行业是个轻资产的行业，最重要的组成就是人，不仅需要质量安全及进度费用控制人才，还要有投资决策、运营管理咨询人才。监理企业应当从当前监理人才储备不平衡、不协调、不可持续的突出问题出发，建立人才培养的长效机制，包括绩效考核、股权激励、培训提升、晋升通道等，保障人才的稳定性，培育精通工程技术、熟悉工程建设各项法律法规、善于沟通协调管理的综合素质高的人才队伍，将人才资源转化为市场资源，将人才优势转化为发展优势，提升企业核心竞争力，为高质量发展提供有力支撑。

时代发展永无止境，改革创新未有穷期。习近平总书记多次强调，惟改革者进，唯创新者强，惟改革创新者胜。面对各种困难挑战，我们要始终坚持以改革创新为动力，用改革破解困局，靠创新赢得生机，通过改革创新把内生动力激发出来，把发展活力释放出来，把巨大潜力挖掘出来，在实现中国式现代化的征程中不断谱写监理高质量发展的新篇章。

监理企业改革发展经验交流会总结

王学军

中国建设监理协会副会长兼秘书长

（2023 年 7 月 27 日）

尊敬的各位领导、各位会员：

大家好！中国建设监理协会主办、甘肃省建设监理协会协办的监理企业改革发展经验交流会今天在兰州顺利召开，来自 30 个省、10 个行业协会分会，近 400 人参加会议。为扩大交流会的影响和受众面，会议开设了现场直播，有 5 万余人（次）线上参会，有数百人在网上互动，总体评价很好。会上王早生会长作了"改革促发展 创新赢生机"的报告，分析了当前监理面临的形势，提出了发展的思路和途径，提出监理要当好"工程卫士、建设管家"，为实现中国式现代化高质量发展而努力奋斗。我们要结合实际认真思考，更好地促进行业健康发展。

本次会议邀请了 9 家监理企业在会上与大家分享他们的经验做法：甘肃省建设监理有限责任公司通过监理行业和公司相关数据分析，结合公司实际提出在人才队伍建设、市场体系建设、企业文化建设提升管理效能，尤其是该公司倡导的"家"文化建设的做法。铁四院（湖北）工程监理咨询有限公司从公司党建引领廉洁从业、品牌建设数智赋能、人才绩效考核等方面介绍了公司的改革创新发展经验，重点介绍了"三总"管理模式有效促进公司品牌建设的做

法。上海建科工程咨询有限公司介绍了他们以战略引领、人才驱动、文化兴企的经营理念，逐步实现企业做强做优做大，实现高质量发展的做法。广州珠江监理咨询集团有限公司介绍了创建"珠江·心廉新"党建品牌，抓实抓细"廉洁五进工地"，全面打造"四强清廉工程"，深化一线廉洁文化建设等做法。河北冀科工程项目管理有限公司结合企业在医疗建设领域中的发展实践，主要介绍了提升内部管理、创新平台搭建、产业联盟组合等方面的创新做法。云南城市建设工程咨询有限公司介绍了企业党组织发挥核心作用，促进业务创新、市场创新、科技创新等管理模式，为企业高质量发展赋能的做法。重庆赛迪工程咨询有限公司介绍了企业通过"轻链"全过程工程咨询平台、"轻尺"协同设计管理平台、"轻检"工程质量检测平台等将数智化手段应用于实践，以数字化赋能高标准、高水平、高效率的工程咨询服务的做法。深圳市深水水务咨询有限公司介绍了公司始终坚持以监理为主业，不断强化公司实力，走现代化企业管理之路的做法。浙江求是工程咨询监理有限公司介绍了企业在 BIM 应用、信用建设、人才培养、品牌建设、党的建设和全过程工程咨询服务等方面的做法。

上述 9 家会员单位与大家分享了他们在企业改革创新发展中通过党建、信息化管理、智慧化监理、崇廉诚信、文化建设、人才激励等赋能企业健康发展的经验和做法，值得大家学习和借鉴。同时也对行业发展和协会工作提出了建议，我们会后也会认真研究采纳。下面我谈点对行业发展的意见。

2023 年是工程监理制度建立 35 周年、中国建设监理协会成立 30 周年，在这一重要历史时期，我们广泛开展行业宣传，加强专业培训、先进经验交流活动有着重要的现实意义。

35 年来监理行业在建设主管部门的指导下，在建设各方的支持下，在国家和地方行业组织的引领下，全体监理从业者紧跟时代发展步伐砥砺前行，努力适应建设组织模式、建造方式、咨询服务模式变革。以市场需求为导向，开展多元化服务，行业处在稳步发展阶段。据统计（不含水利、交通行业），2021 年底全国监理企业发展到 1.24 万家，从业人员增加到 166 万余人，注册监理工程师达到 25 万余人，营业收入突破5000 亿元。全国年营业收入超过 1 亿元的监理企业有 295 家。

多年来监理行业始终以习近平新时代中国特色社会主义思想为统领，守住

初心，担当使命，在向业主负责的同时发扬向人民负责、技术求精、坚持原则、勇于奉献、开拓创新的精神，在"工程卫士、建设管家"的使命中奋勇担当，监理队伍茁壮成长，人员素质继续提升，经营范围不断拓展，工程建设法制不断完善，监理工作走上了规范化、标准化道路，服务效率和效能进一步提升。改革开放以来，国家经济发展步入高速轨道，工程建设项目量大点多，城乡面貌日新月异。据不完全统计，全国建设中高层房屋34万多幢、百米以上超高层6000余幢，建设公路535万km，其中高速路17.7万km，铁道建设15.5万km，高铁4.2万km。建设机场254座，西气东输、西电东送工程，基础设施建设取得了辉煌成果，为经济发展注入了强劲的动能，监理队伍为维护工程建设高质量发展作出了积极贡献，保障工程质量安全发挥了不可替代的作用。监理丰硕成果的取得，是与监理人发扬五种精神、奋楫笃行、传承担当分不开的。充分展现了当代监理工作者笃行致远、唯实励新的精神风貌。

现阶段，国家处在高质量快速发展时期，基础设施建设投资还在持续增长。在国家建设领域法制不健全、社会诚信意识薄弱、建筑市场还不完全规范的情况下，保障工程质量安全监理队伍仍然是一支不可或缺的力量。监理从业者要坚持监理制度自信、监理成果自信、监理能力自信、监理发展自信，毫不动摇地履行好监理职责，为国家高质量工程建设继续作出应有贡献。

目前，监理行业存在的主要矛盾是：政府和业主对监理服务质量的要求与监理未能完全满足要求之间的矛盾。形成矛盾的原因是多方面的，解决矛盾需要政府、建设方施工方、行业组织和监理企业及监理人员共同努力。

展望未来，监理发展机遇与挑战并存，建设组织模式和建造方式的变革，对监理能力和服务方式提出了新的要求。监理企业只有紧跟新发展形势，适应市场需求，提升专业技能和改革服务方式，才能保持旺盛的生命力。为此，提几点建议供监理从业者思考：

一、增强政治意识。全面加强党对一切工作的领导是中国特色社会主义最本质的特征。监理企业要将党的建设列入重要议事日程，积极推进建设工程项目党组织建设，发挥党组织在工程项目监理与管理中的战斗堡垒作用。将党和国家高质量发展的要求、对工程建设提出的重大举措贯彻落实到工程监理与管理工作中，增强服务党和国家工程建设大局的政治自觉和行动自觉。要认识到监理工作既是业务工作也是政治任务，要努力发扬监理人五种精神，将维护国家财产和人民生命安全作为工作的出发点和落脚点。发挥党员先锋模范作用，带领监理从业者爱党、爱国、爱岗、敬业，将监理企业做优做强，将监理业务做专做精。

二、重视诚信建设。诚实守信是社会主义核心价值观的基本要素和文明和谐社会的基石，也是企业长足发展的基础。国家高度重视社会信用建设，提出社会信用体系建设纲要，整合社会力量褒扬诚信、惩戒失信，稳步推进信用社会建设。住房和城乡建设部构建以信用为基础的监管机制，建立了建筑市场监管"四库一平台"。协会在会员信用建设方面也做了大量工作，诚信体系基本健全，在单位会员范围内开展信用评估，积极促进信用成果运用。重承诺、守信用的良好风气正在监理行业形成，诚信经营、诚信履职越来越被行业从业者重视。监理企业应重视信用体系建设，建立完善信用建设机制，积极参加政府、行业组织的信用评价（估）活动，认真落实行规公约，职业道德行为准则，不断增强从业人员廉洁履职意识，树立正确的价值观和荣辱观。加强对从业人员信用情况和职业道德行为的检查，惩戒失信和不廉洁行为，大力弘扬中华民族重承诺、守信用的传统美德，努力促进监理从业者诚实做人、踏实做事、清廉履职。

三、加强队伍建设。随着中国特色社会主义市场经济发展，国家推进供给侧结构性改革，各行各业都在推进结构调整以适应市场经济发展需要。随着建筑市场改革发展和项目建设规模、复杂程度变化，对监理从业者业务素质要求和服务方式提出了新的要求。监理从业者要勤耕不辍、精业笃行，加强业务学习，不断提高专业能力和管理水平；要不断适应市场变化，改变服务方式，满足市场对监理人才和服务方式的需求。

全过程工程咨询服务的推行，对监理行业发展既是机遇也是挑战。有能力的监理企业要根据自身实力在组织架构、人才结构、专业人才培养等方面作出相应调整。有能力的监理企业积极向"项目管理"和"全过程工程咨询"方向发展。能力较强的监理企业，积极响应党中央提出的"一带一路"倡议，将中国特色工程监理推向世界。加强与国外同行业合作，实现优势互补、互利共赢。

四、强化标准建设。标准是经济活动和社会发展的技术支撑，是国家治理体系和治理能力现代化的基础。落实国家深化标准化工作改革，就是要加快推进监理行业标准化建设，运用标准规范行业、企业管理行为和监理工作，是时代发展的要求。

中国建设监理协会依据会员管理和行业发展需要，规划了行业标准建设框架体系，组织行业专家陆续研究编制了部分监理行业管理标准和技术标准。监理企业应以标准为导向，把标准作为促进企业自律管理、提高工程监理咨询服务质量、控制工程质量安全、创建企业服务品牌的保障。同时监理企业要建立促进企业管理的标准化工作机制，根据管理需要，建立健全以技术为主体，包括管理标准和工作标准的企业标准。

五、推进科技建设。国家处在信息化和智能化并行发展的时代，信息化管理代替传统管理方式、智慧化监理代替传统监理模式是时代发展的必然趋势。监理企业要紧跟时代发展步伐，加强信息化管理能力、智慧化监理能力建设。如企业办公软件、智慧监管平台、项目管理软件、视频监控系统等管理手段的应用，已成为大中型监理企业管理的主要方式，信息资源得到了有效集中和充分运用，较好地满足了监理企业管理的需求，也为企业带来了一定的经济效益。人工智能与工程监理或管理咨询工作融合发展，改变传统的工程监理与管理咨询方式。如建筑信息模型（BIM）、无人机、3D扫描仪、深基坑监测仪、安全预警等科技设备在工程监理与管理工作中的应用，有效地提高了工作效率和效能。如今智能化已成为引领社会发展的时代特征，随着人工智能的发展，智慧城市、智能建造、智慧工地在我国悄然兴起，监理企业要适应新型的建造和管理方式需求，提高工程监理和管理工作的科技含量。目前在工程监理和管理工作中，逐步采取视频监控与人工旁站、无人机巡检与人工巡查、智能设备检测与平行检验并行的方式推进监理科技进步。随着工程监理和管理咨询智能软件的研发运用，工程监理与管理必将逐步走上智慧监理道路。智慧监理可以最大限度地减少人为和自然因素干扰，有效提高工作效率和效能，更好地发挥监理职能作用，有效保障工程质量安全，提高投资效益。

六、注重安全管理。监理工作的重中之重是工程质量安全。监理企业和从业者要居安思危、牢固树立安全意识，将保障工程质量安全放在首要位置。增加信息化管理设备和智慧监测设备的投入和应用，借助智能设备和软件加强在建工程质量监督和施工现场安全管理检验，发挥监理在工程质量安全方面的监督作用。做到及时发现质量安全隐患，及时进行处置，要及时向业主或建设主管部门报告，杜绝责任安全事故发生。

同志们，监理企业改革创新发展经验交流会取得了圆满成功。大家在回顾中增强信心，在展望未来中树立勇气面对国内需求不足等困难，让我们携起手来坚持稳中求进，开拓创新激发内生动力，贯彻新发展理念，构建新发展格局，踔厉奋发、砥砺前行，切实履行监理职责，推进监理事业实现质的提升和量的扩充，为监理行业美好的明天，为祖国经济建设高质量发展，为实现中华民族伟大复兴而努力奋斗！

最后，让我们以热烈的掌声，对甘肃省建设监理协会和企业，对此次会议提供周密安排和热情服务表示衷心感谢！

谢谢大家！

基于全过程工程咨询模式的数字化建管探索与实践

肖　鑫[1]　石红雨[1]　李世军[1]　龚　淳[1]　蒲天一[1]　周洋仕[1]　邵　喆[2]　沈洪平[1]

1. 重庆赛迪工程咨询有限公司；2. 中冶赛迪工程技术股份有限公司

前言

2020 年 8 月，国务院国资委发布了《关于加快推进国有企业数字化转型工作的通知》，针对建筑类企业，重点强调"提升施工项目数字化集成管理水平，推动数字化与建造全业务链的深度融合"。在国家层面提出加快推动数字化建造与建筑工业化协同发展的大背景下，全面数字化转型已逐渐成为建筑类企业转型的核心战略。2020 年底，中冶赛迪集团正式提出数字化转型战略，成立了数字化转型工作组，编制了数字化转型方案，对包含城市建设在内的各板块数字化转型作出了具体部署。

为进一步巩固行业地位，不断加深、拓宽"护城河"，在激烈的全过程工程咨询市场竞争中继续保持高质量、可持续发展，赛迪工程咨询在行业数字化转型的关键阶段，抓住机遇，依托自身的资质优势、业绩优势、技术优势、经验优势、人才优势，深入践行数字化转型战略，积极开发与自身业务紧密相关的数字化管理平台，以平台为核心打造行业数字化转型典型案例，在新模式、新技术的推广运用中起到引领示范作用。赛迪工程咨询打造畅通的数字化内部管理体系，构建数字化全过程咨询对外服务能力，通过"轻链"全过程工程咨询平台、"轻尺"协同设计管理平台、"轻检"工程质量检测平台等将数字化智能化手段逐步应用于业务实践中，以数字化赋能高标准、高水平、高效率的工程咨询服务，深度探索、实践、落地工程项目的全过程咨询数字化应用，以数字化引擎持续拉动企业创新发展。

一、基于全过程工程咨询模式的数字化建管

赛迪工程咨询紧紧围绕工程咨询领域数字化转型目标，明确了从产业数字化和数字产业化两方面着手开展实践工作。产业数字化，就是以数据为关键要素，以价值释放为核心，以数据赋能为主线，对工程咨询的全过程、全要素进行全方位数字化升级，赋能项目代建、全过程工程咨询、项目管理、投资决策综合咨询、工程监理、招标代理、造价咨询等工程咨询业务。数字产业化，就是依托赛迪工程咨询近 30 年来，在国内 30 余个省市、海外 10 余个国家和地区的 2000 余个工程咨询项目的深厚积淀，结合赛迪工程咨询行业领先的数字化能力，对外输出数字化相关技术、产品和服务，并进一步结合工程数字资产的集成、管理与运用，依托全过程工程咨询方的角色定位，联合建设单位、工程总承包单位和政府主管部门共建工程行业大数据，更大限度地发挥数据的产业价值（图 1）。

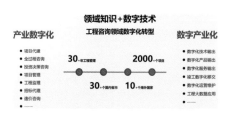

图1　数据领域的产业价值

（一）全面构建数字化基础支撑平台

赛迪工程咨询全面构建数字化基础支撑平台，以拳头产品打造为核心，带动"轻"系列管理平台有机联动，着眼工程建设的前期设计环节、建设过程中的项目管理和质量检测与运维环节，成功打造了"轻链""轻尺""轻检"等数字化产品，实现了匹配全过程工程咨询项目建设的数字化运用平台搭建，充分实现了将数字化融入全过程工程管理中。

1. "轻链"全过程工程咨询平台

赛迪工程咨询技术团队在与工作在监理、造价咨询、项目管理等各条业务线的一线"专家"进行了多轮深入交流后，提炼出工程全过程数字化管理的赛迪方案，以此为基础打造了"轻链"平台。"轻链"平台将中冶赛迪几十年工程建设管理经验与云计算、大数据、物联

网、移动互联网、GIS+BIM等数字技术深度融合，将数字技术与项目代建、全过程咨询、项目管理、工程监理、造价咨询等业务深度融合，实现工程实体数字化、生产要素数字化、管理行为数字化，将管理经验转化为数据融入平台，从平台大数据中提炼领域知识，做到了打通项目全过程、链接项目参建方，让单个项目"看得清、管得住、控得好"，让建设单位（尤其以政府平台公司为代表）对项目集的管理实现"国土一张图、进度一览表、投资一本账"。

1）平台需求定位

"轻链"全过程工程咨询平台紧密围绕建设单位和全过程咨询单位的进度控制、投资控制、质量控制、安全管理四大目标，解决工程管理过程中的信任危机、知识焦虑、信息障碍等痛点难点（图2）。

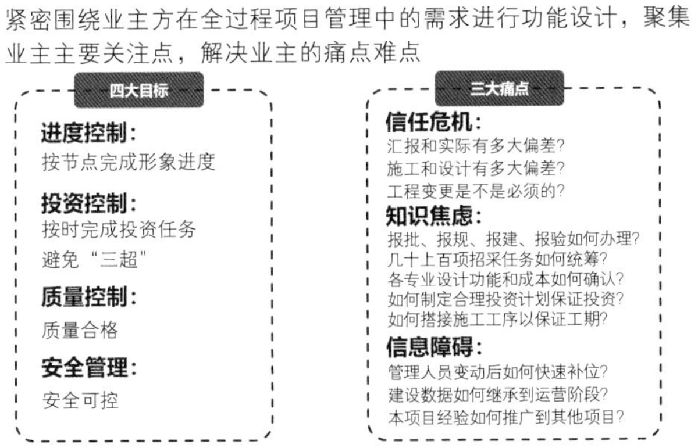

2）平台总体定位

"轻链"全过程工程咨询平台以建设单位和全咨单位需求为导向，旨在链接项目参建方（建设单位、全咨询单位、勘察单位、设计单位、施工单位、运营单位等）、打通项目全过程（决策阶段、设计阶段、施工阶段、运营阶段等）、融合各类型数据（BIM数据、GIS数据、IoT数据、业务数据等）、覆盖各类型业务（项目管理、投资决策咨询、设计咨询、工程监理、造价咨询、招标代理等）。依托赛迪工程咨询在工程咨询领域的技术体系、标准体系和管理体系，将数字化充分融入全过程工程管理中，创新场景化应用，深化全过程数字化管控，持续引领数字化全过程工程咨询新方向（图3）。

3）平台功能蓝图

"轻链"全过程工程咨询平台通过BIM、GIS等技术实现工程实体数字化，

从而实现物理世界的数字孪生；通过物联网技术实现施工现场人、机、料、法、环等生产要素数字化，从而实现智慧建造、场景营造；通过各参建方在线协同交互实现管理行为数字化，从而实现工程管理行为映射。依托三个层面的数字化从之前零星使用BIM技术、智慧工地技术转向系统全面的全过程数字化建设管理（图4）。

4）平台功能模块

"轻链"数字化全程工程咨询平台不仅可为赛迪工程咨询的全过程工程咨询业务提供基础管理平台，还可为建设单位提供私有化部署的企业级平台产品，帮助投资平台公司进行项目集群综合管控。

（1）"轻链"平台项目级功能

"轻链"全过程工程咨询项目级功能可以用九个字概括：看得清、管得住、控得好。

a. 看得清

通过"轻链"随时查看BIM数据、GIS数据、全景数据、图纸数据、文档数据等工程数据，以及视频监控、人员监控、机械监测、环境监测等物联网数据。实现数据随身可带、随时可看，轻松掌握现场动态。

b. 管得住

通过"轻链"在线办理项目审批、

紧密围绕业主方在全过程项目管理中的需求进行功能设计，聚集业主主要关注点，解决业主的痛点难点

四大目标	三大痛点
进度控制： 按节点完成形象进度 **投资控制：** 按时完成投资任务 避免"三超" **质量控制：** 质量合格 **安全管理：** 安全可控	**信任危机：** 汇报和实际有多大偏差？ 施工和设计有多大偏差？ 工程变更是不是必须的？ **知识焦虑：** 报批、报规、报建、报验如何办理？ 几十上百项招采任务如何统筹？ 各专业设计功能和成本如何确认？ 如何制定合理投资计划保证投资？ 如何搭接施工工序以保证工期？ **信息障碍：** 管理人员变动后如何快速补位？ 建设数据如何继承到运营阶段？ 本项目经验如何推广到其他项目？

图2　监理工作的目标和痛点

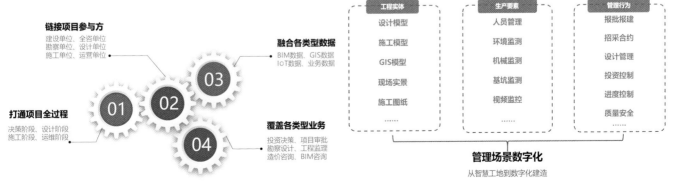

图3　实现全过程数字化管控

图4　管理场景数字化框架

招采合约、设计管理、投资控制、进度控制、质安管理、竣工验收等业务，实现工作场景上线，业务数据联网，管理行为可追溯，管理流程可闭环。

c. 控得好

通过"轻链"对项目大数据分析与挖掘，总体控制进度、投资、质量、安全四大管理目标，实现用数据驱动管理，用数据驱动决策。

（2）"轻链"平台企业级功能

"轻链"全过程工程咨询平台企业级功能，可以用三句话来概括，分别是：国土一张图、进度一览表、项目一盘棋。

平台以工程建设项目的进度、成本、质量、安全为数据要素，纵向贯通项目全过程，横向连接企业各项目，从立项可研到设计施工、竣工，以"一张图"的形式清晰地呈现项目整体进展，能指导以及协作管理工程项目的进度、成本、质量、安全各方面情况（图5）。

2. "轻尺"协同设计管理平台

基于公司设计师与管理人员从生产一线带来的实际使用需求，聚焦工程建设的前期设计环节，研发了一款以三维数字化协同正向设计为基础，兼容市面上各设计软件，为整个设计过程提供高效工具的协同设计平台。"轻尺"协同设计管理平台具有轻项管、轻协同、轻校审、轻工具及大数据功能，用于数字化设计过程中专业协调以及数字化设计成果审核、交付、存档等。"轻尺"能够实现项目知识库自动搭建、高效制图、高效提资、历史数据智能比对、过控意见智能收集与验证等全过程协同，并形成过程质量行为大数据，重新诠释了传统的协同、校审与设计流程，解决了图审经验复用、数字资产智能转换、审图效率提升、设计责任量化、BIM 高效制图等领域的难题（图6）。

3. "轻检"工程质量检测平台

为遏制检测行业违法违规行为，赛迪工程咨询将多年建设行业经验和人工智能、BIM 模型定位、监督识别码标签技术校验、GIS 全景图定位等软件技术相结合，打造了"轻检"产品。"轻检"以数字化手段对送检试件取样、封样、送样、收样及检测的全过程进行追踪把控，实现了取、封、送、检全过程的线上管理。

在检测取样送检环节，利用"轻检"将数据实时录入及上传，做到让见证取样工作透明公开。同时为了更有效地遏制造假行为，"轻检"还采用了二维码检测信息追踪技术、GIS 全景取样定位技术、AI 活体人脸识别技术、BIM 模型取样定位技术等数字化手段，真正做到了数据实时传输，实现了取、封、送全过程数字化监管。

在检测机构检测环节，利用"轻

图5 "轻链"全过程工程咨询平台

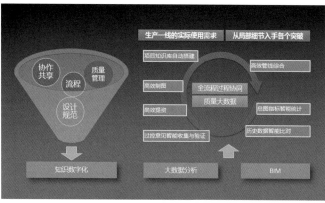

图6 "轻尺"协同设计管理平台

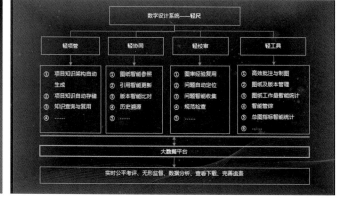

检"实时获取各类检测设备结果数据，并形成规范化检测报告，防止检测报告造假。此外"轻检"还结合了大数据技术，解决超资质检测业务痛点，将抗压、抗渗以及钢筋链接等相关设备接入"轻检"，数字化管理设备使用频率，实时更新设备动态，解决超量检测的业务痛点等（图7）。

（二）深度融合领域知识与数字技术

"轻链""轻尺""轻检"融合了中冶赛迪作为综合甲级设计院的专业技术知识，凝聚了赛迪工程咨询作为工程咨询行业头部企业几十年的项目管理经验。借助各类平台，沉淀赛迪工程咨询在不同地区、不同类型项目实践中的管理体系，让每一项管理业务有章可循、每一步管理行为有规可依。通过各类平台，对外输出数字化相关技术、产品和服务，以平台为核心打造行业数字化转型典型案例，在新模式、新技术的推广运用中起到引领示范作用。

二、基于全过程咨询的数字化建管实践效果

（一）全面赋能公司业务发展

"轻链"平台发布以来，在行业内引起了广泛的关注，得到了政府主管部门、行业协会及同行专家的高度评价，重庆日报、人民网、华龙网等多家媒体进行了专题报道。"轻链"目前已服务于深圳市光明医院、重庆通江新城中学、重庆通江新城小学等多个工程项目，并在应用过程中持续优化迭代，不断完善各模块功能并挖掘新增需求。在项目级应用基础上，"轻链"平台拓展了企业级研发工作，并为海南三亚崖州湾平台公司进行了企业级部署，用于该公司200余个项目的全过程建

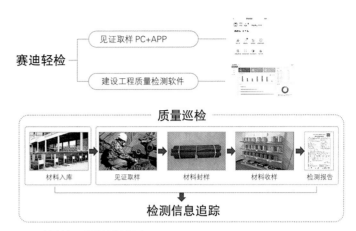

图7　"轻检"工程质量检测平台

设管理。"轻链"在工程实体数字化、生产要素数字化的基础上，更进一步实现了管理行为数字化，为产业数字化和数字产业化提供数字要素，奠定数据基础。

"轻尺"作为国内首款基于BIM的总图指标智能统计软件，"轻尺"在数字化设计效率、管理便捷度方面约提升了90%，在产品实际运用过程中使用满意度达到97.86%。目前已在赛迪工程咨询四川分公司、赛迪股份城建分公司部署应用，选取巴南信息与软件外包服务产业园项目与西部新城核心区市政道路及管线工程两个项目，对建筑和市政两个业务板块进行试用，取得了在复杂项目中多专业、多角色同时参与测试的验证效果。

"轻检"对项目取、封、送、检全过程数据及时掌握，实现从现场见证取样端的取、封、送、收、结果同步，到检测机构现场试验检测、检测报告审核、检测结果出具，达成由取到检的全过程闭环。随着轻检平台功能的逐步拓展和市场的持续推广，一方面为公司全过程工程咨询业务的全面发展助力赋能，另一方面通过将平台产品化、企业版平台给甲方公司私有化部署服务，形成新的业务模式。

（二）促进行业数据互联互通

在工程项目内部，通过"轻链"链接项目参建方，并与建设单位、工程总承包单位等参建方的企业平台实现数据互联互通；在工程项目之外，"轻链"正在与重庆市住房和城乡建设委员会等行业主管部门实现数据互联互通，共同构建数字化建筑业生态。不仅如此，还将加速"轻链"与建设单位、全咨单位、工程总承包单位三大责任主体企业内部平台和政府主管部门平台的数据互联互通，拆除数据烟囱，在工程实体数字化、生产要素数字化及管理行为数字化的基础上，进一步融入施工行为数字化、监管行为数字化，依托行业数据生态真正实现工程数字化建造，为行业数据生态建设提供赛迪方案、贡献赛迪智慧。

此外，"轻检"平台打通了与其他系统数据互联互通的接口，整体推进平台系统性建设，形成稳定、实用、系统丰富的"轻检"生态系统。

随着全过程工程咨询模式的推广，赛迪工程咨询持续推进数字化转型工作，通过数字化技术的应用实现横向统筹各类型业务，纵向打通项目全过程，深化全过程数字化管控，持续引领数字化全过程工程咨询新方向。

"五进四强"抓廉洁文化建设，推动企业高质量发展
——"珠江·心廉新"党建品牌的实践透析

张　丹　赖益民

广州珠江监理咨询集团有限公司

摘　要： 在全面从严治党、驰而不息推进反腐斗争的新形势下，作为工程建设领域廉洁问题易发高发的监理企业，如何坚守执业本职，守好"廉洁关"，是需直面发展的"痛点"。广州珠江监理咨询集团有限公司顺应时代形势要求，把廉洁作为党建品牌的核心内涵，以"五进四强"为抓手，深化一线廉洁文化建设，推动企业高质量发展，也为行业健康发展提供了"珠江方案"。

关键词： 廉洁建设；四强清廉工程；品牌价值

一、品牌内涵

"珠江·心廉新"，取谐音"心连心"，寓意以"心"养"廉"。其中，"心"是基础，包含初心、红心、慎心、匠心、同心；"廉"是主题，有凝心聚力、合纵连横，引领项目廉洁建设之意；"新"是成果，包含新担当、新风尚、新动能、新发展。

二、品牌创建目标

以"廉"为核心内涵，围绕"廉洁五进工地"和"四强工程"，以"抓党建、带队伍、促业务、出成效"为目标，旨在通过品牌创建和深化推进，全面加强党建引领，打造一支能征善战的监理铁军，铸牢企业"廉洁"之魂，发挥"廉洁"在工程监管和企业发展中的核心价值，助力打造"精品工程、阳光工程、

放心工程"，推动企业快速健康发展；并以"廉洁监理"的响亮招牌，引领业界绿色发展新风尚，为行业健康转型和可持续发展贡献"珠江方案"。

三、主要实践经验

（一）抓实抓细"廉洁五进工地"

1. 初心养廉，"廉训廉教"送进工地

牢记国企本色，把全面从严治党延伸到项目管理的"最后一米"。坚守廉洁促安全、提质量的理念，打好廉洁教育"组合拳"：定制"廉洁教育套餐"，用活"珠江监理大讲堂"、主题党日、"指尖廉教"等多元载体和形式，把员工"廉训廉教"抓在日常、落到细处；把廉洁文化作为新人入职培训的必修课，从员工入职开始，密集滴灌红线意识，加强日常考核，使廉洁教育常态化、长效化。

2. 红心倡廉，"廉学廉建"融入工地

结合党史学习将教育工作长效化开展，把党史学习和"廉洁"主题教育紧密相融。广泛开展专题党课集中学、党团结合引领学、党史一线巡展学、红色沙龙分享学、知识竞赛比拼学等项目喜闻乐见的学习特色模式，营造"学党史、心向党"的氛围，不断提高党性修养，夯实"廉洁"思想和作风堤坝，在项目建设管理过程中，始终守纪律、知敬畏、干净做事、明白做人，卫护工程建设的安全与质量，监造品质工程，铸牢国企本色和担当。

3. 慎心守廉，"廉防廉控"筑进工地

将"两个责任"下沉一线，健全廉洁管理制度。"重塑"173项制度，细化了《珠江监理职工廉洁守纪实施细则》《珠江监理员工拒收礼品礼金报备工作指引》《廉洁口袋书》等文件手册20余项，全面扎紧制度"笼子"；推行"红黄牌"负面清单制度，将廉洁从业情况与

评优罚劣、绩效考核、薪酬核算全面挂钩，使"软文化"成为"硬指标"。通过制度、流程管人管事，令行禁止，风清气正。通过开展党员、团员带头廉洁宣誓活动，廉声回荡项目一线，成为激发新担当、展现新作为的最强号角。

4. 匠心铸廉，"廉星廉队"领进工地

珠江监理创新推出"明星总监"和"安全明星总监"制，着力发挥党员先锋模范作用，打造业内有名的"廉星廉队"。"明星"制将廉洁考评、绩效考评和安全管理紧密相连，推行"金山老虎"式的高薪养廉激励约束机制和"一票否决"的震慑机制。党员干部、项目总监敢当"廉星"，上下齐力争当堡垒，干事创业蔚然成风；"廉星"领"廉队"，以一带十，以师传徒，炼出 2400 多名红色工匠，筑起一座座专业、精干、清朗的监理团队堡垒，成为企业乃至行业的"人才蓄水池"，为行业发展提供宝贵的中坚力量。

5. 同心聚廉，"廉监廉线"引进工地

一方面，发挥廉洁监督员监督效能，且形成长效机制。全覆盖设置"廉洁举报箱"，健全《廉洁举报箱管理细则》《廉洁监督员管理办法》《珠江监理党支部纪检委员工作规则》等制度，不定期开展党风廉政问卷调查，将廉洁监督和预防做到实处，构建监督多维网络。另一方面，借力公司信息化建设管理升级，采用全面远程监管溯源、可视化现场管理、无人机智能巡查等技术，实现"线上+线下"实时监督"双保险"。近两年，公司入驻"廉洁南沙企业联盟"，获深圳市"廉洁从业示范机构""廉洁从业先进集体"等美誉，助力公司在深圳、南沙拓展业务年超亿元，充分展现"廉洁生产力"的强大动能。

（二）全面打造"四强清廉工程"

1. 强化廉洁治企责任，提升"守廉"认识高度

持续深化"三不"体系，稳步推进廉洁治企工作，推动落实党风廉政建设主体责任。签订党风廉政建设四级管理责任书，推动主体责任、监督责任贯通协同、一体落实。党委理论学习中心组每季度组织一场党风廉政和法纪法规的学习；纪委坚持每月组织一场廉洁监督员党规党纪和监察法规宣讲培训；各党支部每年通过组织学习《中国共产党章程》《中国共产党廉洁自律准则》《中国共产党纪律处分条例》等文件精神，不断筑牢反腐倡廉的思想防线，着力解决党员干部信念不坚定、宗旨不牢固、使命感不强、担当不力等问题，推动全体党员干部不断用党的创新理论武装头脑、指导实践。

2. 强化廉洁制度建设，提升"促廉"保障效能

狠抓全面从严治党举措和制度落实落地，把权力关进制度的笼子，让权力在阳光下运行。先后印发《广州珠江工程建设监理有限公司贯彻落实"三重一大"决策制度的实施办法》，进一步强化对"三重一大"事项监督。结合公司实际情况，制定了《关于印发 2021 年珠江监理公司"廉洁文化进企业"活动工作方案的通知》《关于珠江监理公司党委各部门、项目管理公司、项目负责人实行党风廉洁建设责任制的规定》等文件，通过清理修订和跟进完善各项规章制度，以制度规范企业日常管理，促进党员干部和全体职工廉洁自律。

3. 强化廉洁监督手段，提升"慎廉"监督合力

聚焦监理主责主业，建立健全"监督—督办—问责—运用"工作模式，牢固树立"一盘棋"意识，通过"再监督"推

动生产经营工作形成闭环。一是用好用活项目廉洁监督员，聘任 108 名项目廉洁监督员，打通监督执纪"最后一米"，抓实常态化监督检查，督促一线管理人员干净担当，忠诚务实，正确对待手中的权力，在任何时候、任何情况下都不越界、不越轨。二是从严抓好关键岗位人员考核，尤其关注重点领域和环节如涉及工程变更的有效监控和实时掌握，对公司中层以上管理人员建立廉政档案，并作为干部考评考核、晋升晋级、出具廉洁意见的重要参考依据。三是落实好谈心谈话制度，公司纪委与各部门和项目公司常态化谈心谈话，做到抓早抓小、防微杜渐，让"红脸出汗"成为常态，形成不敢腐的震慑的作用，推动好作风落地生根。

4. 强化廉洁文化宣贯，提升"崇廉"精神动能

把廉洁文化建设纳入企业文化建设的整体规划，大力倡导公司"阳光从业、行廉志洁"核心价值理念，在企业内部广泛推广"干事、干净"价值导向，先后提出"教育在先、警示在先、预防在先""规范从业行为、增强自律意识"等廉洁文化理念，且逢会必讲，应知应会。2021 年，因地制宜先后打造 15 个"项目红学堂"和 297 个廉洁文化阵地，累计通过"线上＋线下"等各式阵地发布廉洁报道和警示提醒，开展廉洁家训主题等活动，评选产生了 10 名"廉洁诚信之星"。通过用活廉洁宣传阵地，盘活廉洁推广资源，让以廉为荣的企业文化逐步深入人心。

四、成效与反响

（一）崇廉拒腐"干事三新"蔚然成风

1. 大法小廉，塑造"想干事"新风

尚。立足岗位职责打造的"廉"名片，不仅让一线项目人员了解岗位法则，更明白尽忠尽职的廉洁内涵。随着党建与自身业务的深度融合，有效激发了干部员工的工作积极性、主动性和创造性，形成人人想干事、争当急先锋的新风尚。

2. 廉而不刿，淬炼"能干事"新担当。建立了一系列跟踪反馈基层党风廉政建设动态的制度化、网格化、创新化解决方案，为身处"高压区"的项目人员提供了心无旁骛、轻松上阵的新型行为模式，推动他们勇做能干事的担当者。

3. 廉隅细谨，展现"干成事"新成效。持续不断地养"正气"、砺"作风"，让"廉洁文化"成为干部员工的行为自觉，在风清气正、严慎细实的氛围中培育出"干成事"的真表率，展现出廉洁从业模式下的干事精气神、创业新成效，为企业高质量发展贡献积极力量。

（二）企业发展"传奇增长"成为佳话

"珠江·心廉新"，将"廉洁生产力"理念融入企业经营发展实践，全面加强党建引领，筑牢"廉洁发展"的企业之魂，助力公司实现持续快速高质量发展。2016—2021年，公司营业收入由1.86亿元增至7.62亿元（增幅309.67%），归母净利润由0.105亿元增至1.59亿元（增幅1414.29%），业绩增长惊艳业界。公司综合实力和竞争力攀升迅速，在全国监理行业综合排名从2016年第59名跃升为2020年的14名。

（三）特色领创"三大效应"闪耀业界

1. "探汤效应"立竿见影。把守纪律、讲规矩摆在突出位置，通过形式多样的廉洁警示教育，让每一个干部员工形成"见善如不及，见不善如探汤"的条件反射，知敬畏、存戒惧、守底线，自觉在纪律和规矩面前"探汤则止"。

2. "鲶鱼效应"激活队伍。通过廉星廉队"关键少数""率"的作用，带动"最大多数""跟"的效果，推而广之引领和带出一批批廉洁干净、专业负责的监理铁军和行业人才，人才绿洲生机勃勃。

3. "链状效应"引领行风。"珠江·心廉新"一经推出，就获得广州市纪委、市国资委、搜狐网、南方网等多家机构媒体的关注与报道，在行业250多家顶尖企业中产生了积极的反响，为同行、客户企业健康可持续发展提供了极具价值的"珠江方案"。

五、品牌价值

"珠江·心廉新"，针对工程建设领域廉洁的高风险性，创建以"廉洁"为核心含义的党建品牌，找准了监理行业的"最大痛点"，并以此进行体系搭建、品牌策划与落地转化，在推动自身发展的同时也不断实现"价值溢出"，成为行业中党建与生产经营互融共促的成功样本。继2020年被广州市国资委评为"广州国企党建优秀品牌"后，又蝉联"全国企业党建创新优秀案例（品牌）"，尽显廉洁品牌"金字效应"。

（一）在廉洁文化建设上具有借鉴性

"上下同欲者胜"。"珠江·心廉新"从创建之初，就将廉洁作为企业文化建设的重要一环，以打造企业共同语言、流通共同血液、塑造共同目标为出发点和落脚点，使廉洁文化成为企业战斗力的活源泉和倍增器。从新人入职开始，把"廉洁"作为企业文化培训的必备项目，埋下"廉洁"种子，使讲规矩、守底线成为珠江监理人的基本行为准则。同时，树好廉洁"价值观"，坚持将廉洁企业文化"制度化"，如签订年度党风廉洁建设责任状，制定《珠江监理员工拒收礼品礼金报备工作指引》等，始终坚持制度在前、依规治企，引导员工树立正确的执业观、价值观，从而转化为行动自觉和工作效能。公司连续多年未发生一起违反廉洁从业的案件。

（二）在行业风气匡扶上具有引领性

行业内权力寻租等不正之风和廉洁高风险，给整个行业可持续健康发展带来了极大的挑战，珠江监理坚守专业诚信的"行道"，坚持品质和安全为王的原则，堪称是对行业价值理念"阳春白雪"般的恪守，也是对行业风气的匡扶。"珠江·心廉新"品牌的创立和落地，不仅为自身涤浊扬清，也为行业健康发展提供了极具价值的引领范本。

（三）在履行社会责任担当上具有典范性

珠江监理党委以"珠江·心廉新"品牌奏响廉洁从业最强声，带领2600多名员工，以"出了名"的严格管理和零容忍的廉洁文化管理机制，为顾客提供精细化超值服务的同时，在广州方舱医院、广州呼吸中心等防疫"重器"施工现场和历次疫情防控阻击战中，以实际行动为城市的发展与美好留下了珠江符号，诠释了国企社会责任担当。

心廉新、领创新、践使命、淬担当。在"珠江·心廉新"党建品牌引领下，珠江监理坚持"专业过硬创品质""作风过硬树口碑"，匠心创精品，继续赢得广大业主的信任，以昂扬姿态阔步迈向全国十强，争做全国全过程咨询头部企业。

顺势而为　引领突破

——浙江求是工程咨询监理有限公司咨询助力中小城市全过程工程咨询服务高质量发展

晏海军

浙江求是工程咨询监理有限公司

现阶段全过程工程咨询主要问题是："如何全面推行推广全咨""如何做好专业全咨工作""专业全咨人才和团队的培养和建设""如何领军全咨健康发展"。求是公司紧紧围绕"打造符合国内领先的咨询服务企业，努力成为具有国际水平的全咨企业"的发展目标，顺势而为，引领突破，已承接全咨服务项目 96 项，咨询服务费合同额达 6.6 亿元，目前全咨业务占总业务额 50% 以上，在中小城市推动全咨服务取得了一定成效。

一、全过程工程咨询发展现状

（一）全过程工程咨询行业形势

2017 年 2 月《国务院办公厅关于促进建筑业持续健康发展的意见》（国办发〔2017〕19 号）首次提出"全过程工程咨询"，其后陆续有《住房城乡建设部关于开展全过程工程咨询试点工作的通知》（建市〔2017〕101 号）和《国家发展改革委 住房城乡建设部关于推进全过程工程咨询服务发展的指导意见》（发改投资规〔2019〕515 号）发布，至今已逾 5 年。整体上看，全咨发展和项目落地实施情况表现为：南方比北方好，东部比西部好，其中又以浙江、江苏、广东和湖南发展最好、势头最猛。在咨询服务市场，具有工程监理资质的综合性工程咨询单位目前是全咨服务的主力军。

（二）浙江省开展全咨服务进展情况

目前，浙江省全咨业务由监理单位占主导地位，已全面带动设计单位参与全咨业务。总体来说，浙江省作为最早的全咨试点省份，也是全咨推广力度最大的省份之一，中小城市落地的全咨项目较多。

（三）求是公司全咨市场开拓情况

求是公司作为浙江省一家专业从事综合性建筑服务的大型咨询企业，公司始终坚守"让业主满意、给行业添彩、为中国工程管理多作贡献"的价值追求，坚持"以品质赢市场、以创新促发展、以管理树品牌"的理念，深耕市场开拓，加强质量管控，健全管理制度和标准体系，强化人才支撑，公司综合实力逐年增强，业务快速发展，行业美誉度和影响力不断提升，被列为浙江省第一批全过程工程咨询试点单位，第一批全过程工程试点项目。

公司自 2013 年以来连续入围全国百强监理企业，业务遍布全国各地（安徽、江西、福建、江苏、河南、贵州、四川、广东、海南、湖北、湖南、青海、天津等），鲁班大数据显示公司 2021 年全国建筑业全过程工程咨询中标数名列第 16 位。合同全咨服务内容包括了投资决策综合性咨询、勘察、设计、招标代理、造价咨询、建设管理、监理。全咨业绩涵盖建筑、市政公用、水利交通等所有专业建设工程，尤其在大型场（展）馆剧院、城市综合体、医院学校、高层住宅、有轨交通、桥梁隧道、综合管廊等全咨项目服务中取得诸多成果，积累了丰富的项目管理实践经验，赢得了行业和社会的广泛认可，成为服务全国城乡建设的重要主力军。

二、练好基本功，立足发源地，集中优质资源开拓中小城市

公司自成立以来一直重视资质、业绩和信用建设，先后取得招标代理甲级、工程咨询甲级、造价咨询甲级、监理综合资质，经过多年的业务经营开拓，累积了大量优质的企业业绩、经验和人才。通过求是大数据智慧化平台、求是学院、求是云专家库、企业标准建设等一系列举措，"强基础、固根基，扬优势、补短板，扩规模、防风险，树正气、创品牌"。在各方面都打下了坚实的基础，为全过程咨询的业务开展奠定了人才、经验、业绩、资质的基础条件，顺利地完成了从全过程咨询试点、推行、引领的全过程咨询转型升

级工作。从当初的一个项目，到现在的遍地开花，从当初的专业整合，到现在的全过程咨询，从当初的0占比，到现在的占比50%，均离不开公司一直以来求是求实的精神和坚实的基本功。

求是公司发源于衢州龙游，20余年来公司一直深耕衢州市场，以监理、造价、咨询、项目管理、招标代理等业务带动全咨业务，充分发挥企业资质、信誉、业绩、技术、区域等优质资源，立足发源地，以全咨政策为指引，以优质服务提升行业影响力，向建设单位推广全咨模式。作为全过程工程咨询试点单位、试点项目，在中小城市衢州先行先试，有序推进试点工作，全面在衢州地区推广推行，"以知识、智力、技术等为主导的咨询管理型服务，辅以现场安全、质量、进度控制为主导的劳动密集型过程督导服务""想顾客之所想，思顾客之所忧，以顾客为中心、以项目优化和创造价值为目的"定制专业化解决方案，为客户创造价值。在试点实践中不断探索，不断优化工作方法，积累经验，总结形成可复制、可推广的成果。《衢州市两中心项目全过程工程咨询服务案例》已入选中国建设监理、浙江省工程咨询、造价咨询优秀案例。以点带面，示范引领，辐射全国，助力全过程工程咨询服务高质量发展。

三、重视企业信用建设，弘扬求是诚信文化

求是公司主要通过强化基础管理，提高经营能力、财务能力、管理能力，主动承担社会责任，维护信用记录，树立求是品牌。以诚信为经营理念，一切从诚信出发，每一个工作细节都将诚信与工作标准化紧密结合起来，持之以恒，弘扬求是诚信文化。公司获得"全国建设监理行业先进监理企业""浙江省优秀监理企业"、国家工商3A重合同守信用单位、国家工程造价咨询企业信用等级3A、浙江省工商3A重合同守信用单位、浙江省招标投标领域信用等级3A、工程建设企业信用等级3A等荣誉，为进一步开拓全咨业务市场打下了坚实的基础。

四、建新型人才架构，推进数字赋能管理智慧化

为适应外部环境需求赢得未来竞争，推动事业高质量发展，助力监理事业开创新局面，求是监理率先向数字化管理模式发展。为提升核心竞争力，建立具备先进组织管理能力的人才队伍，近年来，公司从职能管理、业务开拓、技术管理等角度调整组织机构，相继成立求是管理学院、求是项目管理研究中心、全过程事业部、BIM中心等，机构组织得以优化；此外，不断完善管理制度，推行项目管理标准化，通过总结迭代优化，形成具有求是特色的组织过程资产，为企业体系创新和数字化发展打下了坚实的基础。

求是历来重视企业信息化系统建设，根据数字化战略发展规划的要求，不断提升信息化建设水平。"求是智慧管理平台"5年间不断迭代更新，从最初的实现办公自动化、相关业务流程建立工程综合数据库，形成了求是公司全咨服务业务特有的组织过程资产，到2022年成功完成"求是智慧管理平台"的传承迭代优化升级，"求是智慧管理平台"更具有专业性、拓展性、稳定性、安全性等优势，实现信息技术与咨询行业深度融合，在各领域业务开展，尤其是全过程工程项目咨询管理中发挥了重大作用，大大提高了工作效率，并进一步推动工程管理标准化、智慧化。

五、党建工会齐头并进，引领企业稳步发展

党建引领，党建带工建，齐头并进，引领企业稳步发展。求是党支部多年来一直重视基层党建工作，党建基础工作扎实，党建制度健全，积极执行上级党组织有关决定，有序地组织开展学习、例会、活动，按规定进行日常党建工作。疫情期间，求是党支部、工会及时进行工作部署，主动承担社会责任，做好疫情防控工作。认真组织学习贯彻落实党的二十大精神，推行实施项目联合党支部工程、实施党员争先工程、打造学习型企业，实施人才培养工程三大党建特色工程，积极创建"红色工地"及"平安工地"，将党建引领工作深入项目，根据监理咨询行业特点，结合求是公司实际情况，细化措施，推进项目建设管理，围绕公司转型升级战略中心工作，促进公司高质量持续发展。求是党支部获"2014年度两新企业先进党支部"，2018—2021年连续荣获杭州市监理协会党委"先进党支部"荣誉称号，获得2020年度杭州市建设行业系统"最强支部"，获得2018—2020年度市建设行业两新组织"先进基层党组织"荣誉称号，被浙江省造价管理协会评为"社会责任先进典型"，获得浙江省建设工程造价管理协会"社会责任先进典型"称号，认定为2021年杭州市"贯彻新发展理念"企业社会责任建设A级企业。

党建引领工会开展工作，始终坚持走群众路线，充分发挥工会的纽带和桥梁作用。以人为本，开展"职工之家"创建活动，荣获"杭州市先进职工之家"，公

司全过程事业部荣获"2022年杭州市工人先锋号"，2020年在杭州市总工会组织"安康杯"竞赛中获得"优胜单位"，增强了员工幸福感、获得感、归属感。

宣传企业、行业正能量，利用各种媒体、渠道分享是董事长晏海军真诚回报家乡建设助力共同富裕先进事迹，展示企业荣誉、业绩成果，弘扬求是文化，树立企业良好形象，引领企业稳步发展。

六、做好企业品牌建设，进一步做强做大

公司一直以来非常重视企业品牌建设，一方面，与其他单位联盟经营，采用合作或联合体等多种模式，整合资源，合作共赢，通过互访互学，取长补短，及时掌握市场动态及市场行情。另一方面，通过邀请业主单位、业务所在地主管部门领导、监督部门、协会领导、老领导、施工总包单位、设计单位、咨询单位来公司考察指导，加深联系，互相提升，让业主、主管部门、兄弟单位了解公司，熟悉公司，宣传公司，并做好工地宣传工作，发挥好公司电子画册、公众平台、公司网站等的宣传作用。

七、打造学习型组织，保障企业持续发展

全咨模式对人才能力的全面性要求较高，需要涵盖技术、管理、经济、组织、法律等多方面的系统知识体系，在此背景下，公司成立求是管理学院，开展企业内部员工培训、人才技能提升培训、中层领导后备人才培养及人才梯队建设，以及与校企合作、行业交流，外部培训机构的交流和协作，为企业提供技术支持，提

升企业综合实力。首先，通过求是管理学院打造求是管理学院学习平台，让员工可以通过电脑端和手机端自主学习，并每月组织知识竞赛，进一步提升员工学习的积极性；其次，注重人才引进和培养，依托求是管理学院分层次、分批、分专业对员工进行培训，培养出一大批懂技术、会管理、有经验的复合型工程咨询管理人才，改变了监理公司人才结构；最后，组织人才与高校、研究机构合作进行课题研究、成果总结转化，加大科技投入，做好技术储备。

八、加强市场推广，增强建设单位推行全咨模式的信心

在与招标单位对接过程中，积极推广全咨模式，从"一带一路"发展倡议到全咨具体实施政策，灌输全咨服务能为业主创造价值的思想，全咨模式的优势是高度整合的服务内容可助力项目实现更快的工期、更小的风险、更省的投资和更高的品质的目标。与各项工程咨询服务单独发包相比，全咨服务对整个工程项目的管理更具系统性、连续性和完整性。全咨服务模式的优势表现如下：

节约成本控制，全咨服务商服务覆盖项目管理、招采、造价、监理及其他专业咨询等全过程服务，融合了各阶段工作服务内容，系统掌握项目各阶段的投资控制，更有利于实现全过程投资控制，通过限额设计、优化设计和精细化管理等措施降低"三超"风险，提高投资收益，确保实现项目的投资目标。

加快项目建设和目标管理，全咨模式下可大幅减少业主的管理工作，减少招标次数和时间，使项目组织架构更优和合同关系更简化，并克服设计、造价、

招标、监理等相关单位责任分离、相互脱节的矛盾，缩短项目建设周期。

提升工程品质，全咨管理模式下，各专业过程中的衔接和互补，可提前规避和弥补原有单一服务模式下可能出现的管理疏漏和缺陷，全咨单位通过精细化管理使承包商既注重项目的微观质量，更重视建设品质、使用功能等宏观质量。同时通过有效的考核机制和专业指导充分发挥承包商的主动性、积极性和创造性，促进新技术、新工艺、新方法的应用。

弥补业主方管理和技术上的不足，项目规模大、专业多，势必会有一部分业主缺乏相关管理的知识和经验，满足不了项目管理的实际需求。在全咨模式下，全咨单位作为专业的咨询服务机构，具有各专业项目管理知识和经验丰富的人才。通过制定项目策划、总控目标、协调参建单位关系，真正做到"四控三管一协调"，极大地提升了项目管理水平和工作效率。对业主而言，可以节省人员、精力和时间，只需派少量人员参与项目的管理，将主要精力放在功能定位、资金筹措、政府协调及自身的核心业务上，并借助全咨团队的项目管理知识、工具和管理经验，达到项目定位、设计、采购、施工的最优效果。

上述优势与业主进行全面深入交流，让业主知道全咨模式确实可为项目创造价值和为他们提供优质的服务，以此增强业主推行全咨模式的信心。

九、标杆项目引领市场，进一步做强做大全咨市场

公司参建工程项目获"鲁班奖"等国家级奖项30余个、省级工程奖项200余个、市级奖项700余个，全咨项目的

管理成效获得社会广泛好评，代表性项目有：杭州亚运会棒垒球体育文体中心，是国内规模大、现代化程度高，符合国际赛事的棒垒球标准场地，已提前顺利完成验收；富春湾大道二期，含隧道和管廊，总投资89亿元，已建成通车；亚运会棒垒球场馆周边环境提升工程，是浙江省直径非常大的盾构管廊项目；衢州市文化艺术中心和便民服务中心全咨项目，总投资约22亿元，在设计管理过程中，求是重视设计优化工作，在方案、设计、建筑、结构施工图进行技术审查中，相继提出超过900条优化及咨询建议。在暖通空调方案比选、智能化设计方案优化等环节，严格初步设计概算审核，净核减1.08亿元。在项目施工阶段，对施工方案进行优化，严格执行工程变更、计量、支付程序。在加快项目推进的同时，控制投资，截至目前共为项目节约投资额约2亿元以上，工期提前一年完工，实现了高质量、低成本、高效益，创造了良好的经济效益和社会效益。

要做好全咨服务，必须从前期策划、招采、设计、造价、监理、运营等方面实施全过程、全生命周期的优质服务，为业主和项目创造价值，主要包括以下几方面。

以业主利益为核心，一切为了业主，一切对业主负责，这是全咨服务管理中始终如一的宗旨。在整个项目咨询管理过程中，全咨单位必须从全局进行设计和制定策划目标，管理上要以精细策划与监督为主，为业主与各参建方提供专业化、精细化、数字化的管控服务，从项目决策准备期至缺陷责任期为业主提供全方位的优质服务，一切项目咨询服务管理工作将以业主的要求为开始，以业主的满意为结束。

投资控制为主线，建设投资作为全咨管理的主要目标之一，是贯穿项目管理的全过程，是开展全过程项目管理最核心的管理部分，在全咨管理过程中发挥着统揽全局的作用。其通过制定管理计划、估算、概算、预算、总用款计划和实施过程中的年、季、月用款计划等环节管理，采取经济和技术手段，指导管理前期决策、勘察设计、监理以及造价咨询等各专业咨询，以总管理、总协调和总控制的角色，在项目投资目标合理确定及有效控制过程中，形成以投资管控为核心的管理方法理念，发挥统揽全局的作用。

转变管理思维，全过程管理人员首先要树立终身学习的理念，不断更新知识库和知识结构，掌握最新的专业技能，使自己成为业务上的行家里手。其次要强化服务意识，要多深入一线了解建设需求，帮助解决建设单位和参建单位关心的问题，学以致用，用以促学，学用相长，树立以项目建设为中心的核心理念，结合自身专业不断细化和优化服务品质。

最后要加强思想作风建设和纪律督导。勇于担当和尽责，遵守工作纪律，成为一名具有专业技能和专业科学精神的全咨服务人才。

加强BIM技术的使用，BIM具有可视化、模拟性和协同性的特点，能够汇集各专业的知识，集成化管理工程项目建设的各阶段和各环节，实现各参建单位的数据共享。BIM技术可应用于整个工程项目建设的全过程，通过建立BIM模型进行碰撞检查和优化设计，可提前发现问题，查漏补缺，减少返工，有效提高施工质量、减少工程造价，同时结合BIM技术建立集成信息管理平台，能够使各参建方实时了解项目进展情况并进行沟通交流，及时采取措施管控工程建设的成本、进度、质量和安全。

十、全咨存在的问题及对未来的展望

随着企业全咨业务量的增长，企业也逐步浮现出一些问题，比如人才数量的增长跟不上企业的发展、设计管理相对薄弱、部分总监思维难转变不适应全咨的工作模式等。而全咨的意义在于集成化的咨询管理，在于为业主提供优质的咨询服务，统筹协调，在进度、质量、投资、使用功能等方面为业主创造价值。要做好全咨，就要转变监理企业原有只侧重于现场管理的思维方式，将为业主提供"优质服务，创造价值"的管理理念灌输到每个部门每位员工。

全咨行业的发展对监理企业来说既是机遇也是挑战，未来全咨市场大幕正徐徐开启，只有不断提升企业的综合服务能力和核心竞争力，才能在越发激烈的竞争中保持优势、才能在全咨行业发挥作用、才能向国际接轨。

全咨模式具有整体性、专业性和协同性的优势，是咨询行业未来的发展方向，求是公司在企业资质建设、信用建设、人才培养、品牌建设、党建、工会、市场推广、项目实施等方面的具体做法，在中小城市的全咨推广中取得了一定的成效。每一次成果都是新的起点，求是将深入贯彻落实党的二十大精神，继续围绕"铸就品牌，共创价值，诚赢未来，社会放心"一以贯之的企业发展宗旨，全力推行项目管理工作标准化、规范化、流程化和数字化的科学管理模式，充分发挥信息化、专业技术等资源优势，努力打造全过程工程咨询行业标杆企业，走内涵发展、务实发展之路，为我国工程建设高质量发展作出更大贡献，为社会创造更多的价值！

YMCC在创新发展及适应市场发展方面的实践经验

郑 煜

云南城市建设工程咨询有限公司

摘 要：随着我国建筑业快速发展，需要监理企业在立足于施工阶段监理的基础上，向"上下游"拓展服务领域，提供项目策划、城乡规划、项目融资、绿色低碳建筑咨询、投资决策咨询、招标（政府）采购、工程设计、施工图审查、设计咨询、造价咨询、工程检测、工程保险咨询、信息技术咨询、工程风险咨询、工程评价（估）咨询等多元化的"菜单式"咨询服务。《国家发展改革委 住房城乡建设部关于推进全过程工程咨询服务发展的指导意见》（发改投资规〔2019〕515号）的出台，为监理企业"转型升级"提供了其他的选择和方向。本文结合云南城市建设工程咨询有限公司"政府购买工程咨询服务"及"全过程工程咨询业务"等相关项目实施情况，就监理企业在当前经济新常态下的创新发展及全过程工程咨询业务创新来适应市场发展，与同行商榷，不当之处请批评指正。

关键词：工程监理企业；政府购买工程咨询服务；全过程工程咨询；转型升级；实践经验

一、企业基本情况

云南城市建设工程咨询有限公司（以下简称"YMCC"或"企业"）成立于1993年，是全国文明单位、住房和城乡建设系统先进集体、高新技术企业、专精特新"小巨人"企业，云南省首批"建设工程监理""建设工程项目管理"试点单位。YMCC具有国家多部委颁发的工程监理综合资质、建设工程项目管理资质、工程造价咨询甲级资质、工程咨询甲级资信、工程招标代理资格（原工程招标代理甲级资质）、政府采购资格（原政府采购甲级资质）、城乡规划、工程设计资质、施工图审查机构资格、基金管理人资格、房地产开发（代建）资质、工程检测资质、建设工程司法鉴定资质等。可为客户提供建设全过程、组合式、多元化、专业化、专属定制式工程咨询服务，是一家全牌照、综合型、集团化的工程咨询服务商。

本文就YMCC如何通过利用"政府购买咨询服务"及"全过程工程咨询"服务的模式，就监理企业在当前经济新常态下的创新发展及全过程工程咨询业务创新来适应市场发展，与同行商榷。

二、咨诹询谋 筑梦城建

"咨诹询谋、百年城建"是企业的愿景，这个愿景不仅需要企业具有谋道发展的沉淀，还要有不断追求创新发展的思想眼光。YMCC于2008年完成第二次资源整合，专门成立了企业"研发中心"，研究国家有关政策及市场导向，负责为企业工程咨询各业务板块多样化、差异化发展提供数据与依据，研究和开发适应市场需求，并能市场化的相关工程咨询业务产品。

依据国家政策、市场预判，结合企业自身实际及员工建议意见，企业制定了中、长期发展战略规划。2020年1月1日，YMCC正式发布第六个《云南城市建设工程咨询机构（工程咨询版块）五年发展战略规划》。规划围绕着"企业市场目标""企业经济目标""企业管理目标"三方面进行计划及部署。

YMCC 始终坚持以习近平新时代中国特色社会主义思想为指导，坚持"党建促发展、发展强党建"的方针，坚持以安全质量、科技创新、高质量发展为主线，以"一个确保""两个加大""三个强化""七个坚持"为准则，以"技术创造价值，品牌铸就基业"的企业核心价值观为指导，稳中有进、稳中有为地统筹推进企业各项经营管理工作。

在做精监理、项目管理等传统业务的同时，YMCC 将继续推出更多有价值的工程咨询原创性成果，促进"全过程工程咨询、工程咨询＋"等创新业务的发展，实现城建咨询传统业务和创新业务的融合发展。实施"工程咨询双创平台"发展模式，保持城建咨询可持续发展动力，实现城建咨询的差异化发展，实现企业由规模型向质量型和科技型转型，推动城建咨询的高质量发展。将城建咨询打造成为在国内有影响力的多元化、多层次、多领域的综合型工程咨询集团企业。

YMCC 为进一步加强企业人才培养和发展，已在实施《第六个五年人才发展规划（2021—2025 年）》，于 2016 年正式成立了"云咨学院"。通过导师制、年度学时制、三级培训、"定向＋自选动作"等方法，更新知识结构，掌握前沿性科学技术等多种技能，从而提高人员综合素质，将人才优势转化为市场优势，增强企业核心竞争力，满足市场和人才发展的需求，加快了企业的学习型建设进程。借助信息化和智能化的手段，培养具备项目管理技术、信息化工具应用

能力、领导能力、战略分析能力的精前端人才，提升监理履职能力，为业主提供高质量的信息化监理服务。与一批知名的高等院校、科研单位建立了战略合作，开展产学研联合攻关，提供技术有力支撑。

作为 YMCC "云咨智库"的智囊机构。除积极参与相关法律法规、宏观调控和产业政策的研究、制定外，在学术交流及政策引导方面，也贡献了巨大价值。目前 YMCC 已主编、参编了地方、行业 20 余项标准及规程的编制工作。2022 年为企业的提质增效年，在加大整体培训力度外，企业正式开设了"云咨日·专家在线答疑"及"云咨"室·长"建"识——视频号分享平台。

现阶段 YMCC 已实现通过施工现场巡查穿戴设备、无人机巡查、数据上"云"、信息化系统平台、二维码快速查询等信息化装备和工具，做到管理决策有依据、执行记录真实可追溯、问题监督反馈有闭环；通过 BIM 技术从时间、空间维度实现项目进度、质量、造价等要素管理一体化，实现管理可视化、可量化。最终实现持续向前发展，实现"企业集约化管理"和"项目精细化管理"的和谐统一。

三、"政府购买工程咨询服务"情况汇报

（一）契机与计划

2013 年 9 月 26 日，国务院办公厅印发了《国务院办公厅关于政府向社会力量购买服务的指导意见》（国办发〔2013〕96 号）；2014 年 7 月，《住房城乡建设部关于推进建筑业发展和改革的若干意见》（建市〔2014〕92 号）（以

下简称《若干意见》）的出台，以及当年中国建设监理协会杭州会议后，更让我们坚定了"只有依托市场需求、发展需要，催生和推动发展的企业才有强大的生命力，满足市场需要，能为市场需求创造价值的企业才有生存和发展的机会"这一信条，确立了"抓转型、调结构、拓发展、促改革"的方向，继续按照"一业为主、多业并举"原则发展。集思广益，制定了创新服务产品的整体计划。为此，企业运营管理中心、研发中心在传统业务发展的基础上开始进行"组合式""一站式""项目管理＋"等模式的工程咨询服务探索。

同时，我们紧紧围绕通过创新发展带动企业技术提升、产业升级的工作目标，加强对政策、市场和行业动态的调研，寻找潜在的市场和商机。

通过调研和分析，我们认为"政府购买工程咨询服务"将会是一种可能及的趋势。为此，我们在 2013 年 10 月制定了"三步走"的工作计划。

第一步：2014 年 7 月前，完成"政府购买工程咨询服务"政策层面的分析，完成"收费标准""工作标准""工作流程"的策划及设计工作。

第二步：2015 年得到行业业主管部门的理解和支持，加强市场推广，力争年内可承接到相关业务。

第三步：2015—2016 年能在有业务开展的情况下，进行经验总结和完善服务体系，在有机会的前提下大力推广。

（二）工作创新及亮点

YMCC 自 2015 年开展政府购买安全质量第三方监督服务工作以来，已累计承接了 10 多个类似项目。通过多年、多次政府购买第三方安全质量监督服务

工作，YMCC 积累了一定的管理及工作经验。在没有政府相关政策文件支持的前提下，通过实践经验编制了 YMCC 内部的政府购买第三方质量安全监督服务工作标准及相应的制度文件、检查记录文件，并结合工作特点，利用信息化技术不断尝试创新。

1. 云储存

通过"云储存"技术，共享检查资料、检查结果，文件在线编辑，填报项目检查记录表，实时分配工作任务，与委托人共享检查结果。

2. 信息化巡检系统建设

YMCC 信息化巡检系统以政府购买第三方巡检服务为切入点，开发更加契合业务开展的信息化平台，以提高项目的检查效率、简化工作流程、提升对工程建设质量安全的监督管控、确保档案数据有效储存，最终实现管理工作标准化、规范化，创新产品和服务（图 1）。

YMCC 在政府购买安全质量巡查服务中采用无人机辅助巡视试点工作，对于在建项目多为成片开发的住宅，无人机可以全面、快速地了解目标项目进度、安全文明施工等信息，可以向业务委托人提供更加直观的项目情况汇报。

YMCC 经过 6 年开展政府购买第三方质量安全监督巡查服务的经验，从 2015 年开始开拓市场，到工作标准制定，再到如今为提高服务品质不断进行的尝试和探索，我们深知一个市场的出现，不经历困难、不付出时间，很难被市场所接纳。但政府购买服务是"放管服"的具体体现，是监理行业转型升级的助推器，所取得的成效也是显著的，今后的建筑市场会越来越规范，需要我们不断总结和开拓。

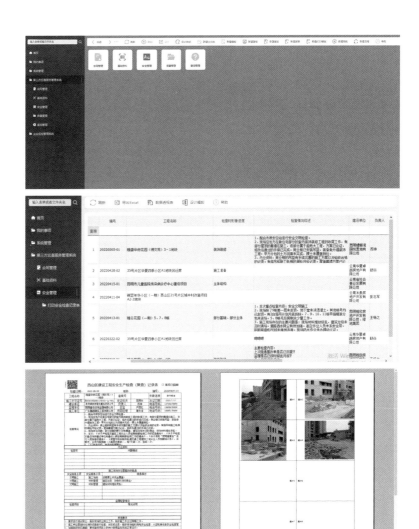

图1　YMCC安全质量巡检信息化系统PC版

四、"全过程工程咨询业务"开展情况汇报

（一）以业主方项目管理为核心，一体化协同管理模式发挥最大合力

就目前在我国建设工程实践中，全过程咨询业务组织模式可归纳为咨询式、一体化和植入式三种模式。无论采用何种管理服务模式，全过程工程咨询服务更强调的是项目的策划、综合的管理以及各个阶段的无缝衔接。所以，在准确把握业务委托人需求的基础上，配备合理的专业人员组成项目团队，才能保障

服务水平。

以"滇中空港商务广场（二期）全过程工程咨询服务"项目为例，考虑到业主作为项目的首要利益相关者，也是项目的使用者和责任承担者，在整个项目管理体系中占有绝对重要的地位，是项目运作的核心。本项目建设方云南滇城置业发展有限公司具备房地产开发经营能力，因此本项目采用全过程咨询一体化协同管理模式，以工程项目为中心开展业主方项目管理，全过程工程咨询方和建设方共同组成管理团队，合力发挥专业协同管理优势，对工程项目的实

施进行全过程的管理。

从服务内容上采用"1+N+X"（"1"为业主的项目管理，"N"为传统的咨询业务如监理、造价、招标等，"X"为专项咨询如融资咨询、信息技术咨询、风险管理咨询等）的模式开展，组织架构如图2所示。根据建设项目的特性及项目管理内容，以目标为管理准线，确定管理团队的岗位职责，明确内外部职责分工，理顺全过项目管理流程，并建立与项目相配套的项目管理手册、过程控制程序文件、标准文件、质量检验文件等。

本项目从业主方全过程项目管理的角度出发，站在业主的角度，各个阶段并无明显界限甚至是相互包含和融合的。一体化协同管理模式的实施，为业主方节省了人力、精力和时间。业主方的主要精力放在功能确定、资金筹措、市场开发和重大决策事务上，全过程工程咨询单位负责具体管理工作的实施，双方协同管理达到了最优的管理效果。

（二）推广"设计咨询＋监理管理＋造价控制"专业化全过程咨询管理，为委托人提供优质服务

由于投资主体性质的不同，业务委托人对工程咨询领域的服务需求也不尽相同。只有充分了解业务委托人的需求，工程咨询企业才能提供有针对性的工程咨询方案及管理服务。

以银佳大厦修缮改造工程全过程服务项目为例（图3），业主方管理力量较弱，现场仅有一名业主代表，业主存在因专业知识缺乏以及信息获取的不对称性而导致对需求难以作出准确描述等问题。实行"设计咨询＋监理管理＋造价控制"三位一体的专业化全过程咨询管理，弥补了单一服务模式下可能出现的

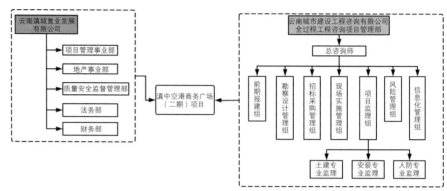

图2 滇中空港商务广场（二期）全过程工程咨询项目管理组织架构图

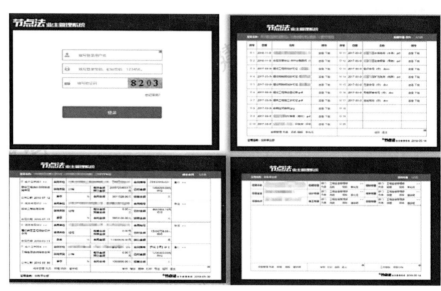

图3 银佳大厦修缮改造工程全过程服务节点法应用

管理疏漏和工作界面不清造成的权责不一致等不足。全过程咨询单位以专业化的管理，快速反馈及作出响应，以及诚实守信的服务，打消了委托人的顾虑，很好地发挥了全过程、综合性、一体化的管理优势。借助专业化管理手段，为委托人提供优质服务，通过强化过程管控，实现了设计、施工、监理的无缝衔接，有效地避免了安全、质量、投资、工期控制、使用功能实现等方面的隐患，减少了安全生产事故，从而大大降低了建设单位的主体责任风险，全面提升了全过程工程咨询的实际价值。

（三）加强信息化建设，打造"智慧咨询服务"核心竞争力

YMCC作为"国家高新技术企业""国家科技型企业"，在信息化建设中，开发了企业运营管理的九大管理信息业务系统；自主研发了用于企业各类业务的信息管理平台和用于现场管理的质量安全评测评价及评测系统等信息管理平台（系统）共计32个，全部平台（系统）已取得国家软件著作权。

以昆明高新技术产业开发区科技创新中心（昆明国家生物产业基地创新中心）全过程工程咨询服务及丽江师范

高等专科学校基础设施改扩建建设项目（A区、B区）全过程工程咨询服务等项目为例，合同约定的服务内容均包括建筑信息模型技术应用咨询服务及信息管理相关内容。昆明高新技术产业开发区科技创新中心项目以"智慧建筑"作为出发点，大力发展装配式建筑，利用建筑信息模型（BIM），充分考虑建成后的"一模多用"，为将来与互联网、物联网、大数据、云计算、移动通信、人工智能、区块链等新技术的集成创造有利条件，加快智能建造科技成果转化应用，为培育一批技术创新中心、重点实验室等科技创新基地提供先进的硬件支持。丽江师范高等专科学校基础设施改扩建建设项目（A区、B区）全过程工程咨询服务项目以可视化模型（BIM模型）为基础，将工程资料关联到模型，模型本体包括多个实体块，在实体块上根据实际结构位置设置多个标记点，链接点设置在标记点处；存储在资料数据存储库中的工程过程文件与对应的链接点进行链接。平台还包括人机交互界面，激活可视化模型中的链接点查看对应的工程过程文件，使BIM技术（建筑、信息、模型）三者在平台中得到统一展现，竣工BIM模型中包含了建设过程中大量的信息，信息的读取十分方便快捷，使建设项目全生命周期使用价值的挖掘提升变为可能。

目前YMCC项目信息化管理有BIM+信息管理平台、OA办公管理平台、节点法业主管理系统平台、VR眼镜可视化远程协助、二维码风险管理系统等方面应用，通过"两级信息化管理"实现了"零距离"管控"两级信息化"管理模式，即全过程工程咨询企业通过信息平台实现对项目部工作的信息化管理，项目部通过BIM模型＋信息管理平台对现场监理、项目管理工作进行信息化管理。为更好地顺应社会发展，YMCC不断进行改革创新，借助信息化和智能化手段，优化监理服务模式，有效实现了工程建设各层面的要素可视化、数据精准度量以及大数据辅助预警等工作，大幅度减少了人工成本，打造"智慧咨询服务"核心竞争力。

工程咨询行业多元化的发展有利于行业发展，一些企业以工程监理为核心，将工程监理业务"做精做专"，而一些有潜力的企业则可以在工程监理的基础上，将全过程工程咨询"做大做强"。随着国家和各地政策的出台、试点的推进、实践和探索的开展、经验的积累，"政府购买工程咨询服务"及"全过程工程咨询"等创新模式将逐渐成熟并得到越来越广泛的应用，也为促进监理行业转型、升级、创新提供了新的方向。YMCC借此提质增效，最终实现并履行好企业的社会责任。

在信息化、智能化高速发展的背景下，工程咨询企业信息化建设是一项向传统管理模式挑战的变革，也是一项十分复杂的组织与管理革新的过程。YMCC通过信息化工具的探索运用，可以大幅度提升工程管理的工作效率，减少工作负担和难度，强化工程施工管理的监督管控力量，使各项工作措施更有针对性、时效性，提升了管理能力和建设水平，为完成建设目标提供了保障。

在"十四五"规划的开局之年，疫情反复，经济形势不稳定、不确定因素增多，YMCC及时调整一系列措施战疫情、稳经济、促发展，确保企业各项业务工作正常开展，同时，重视国家及行业发布的各项政策文件，重视企业及员工的诚信管理，每次有了新的政策文件，企业决策层都及时组织会议专门研究，头脑风暴谋思路。并且对标各类政策文件要求，如国家高新技术企业，专精特新"小巨人"企业，以及国家、省级诚信管理的评定要求规范内部管理，从企业管理到业务产品的拓展，以政策导向为引领，以诚信立标杆。

YMCC将继续围绕"弘扬科学精神，创新科技强企""做文明城建咨询人，树文明单位新风貌"的主题，继续做好业务创新、市场创新、技术创新、组织创新，打造文明城建、科技城建、标准城建、共享城建、信用城建等企业主题文化。

YMCC也将继续积极践行社会主义核心价值观，坚持物质文明建设和精神文明建设两手抓，深入开展"讲文明树新风"活动。教育引导全体城建咨询人"修身律己，做文明人"，树立正确的思想信念和世界观、人生观、价值观，不忘监理初心，承担好监理质量安全管理职责，履行好监理的社会责任，真正创造监理价值，树立监理形象，打造监理品牌，充分发挥全国文明单位的示范引领作用！

以上是云南城市建设工程咨询有限公司在创新发展及适应市场发展方面的一些交流及几点意见建议，不妥之处，望指正。

科技赋能　创新发展

郭建明

河北省建筑科学研究院有限公司，河北冀科工程项目管理有限公司

摘　要：创新是一个企业发展的关键，只有不断创新，才能不断进步。本文从企业战略创新出发，对企业在适应市场发展和管理创新方面所做的工作及发挥的作用进行了分享，从多角度总结了企业提升管理水平、创新发展、应对改革带来的机遇与挑战方面的实践。结合医疗建设领域重点对企业的管理创新经验、专业技术创新实践、模式创新实践、践行社会责任以及企业多元化经营、产业化发展等方面进行了介绍。对促进建筑业高质量发展，提升企业管理水平和推动企业创新升级方面进行了探讨。

关键词：管理创新；技术创新；创新发展；产业化

一、企业基本情况

河北冀科工程项目管理有限公司成立于1995年，是河北省建筑科学研究院直属国有企业，高新技术企业。企业以全过程工程项目管理为主线，整合前期咨询、招标代理、造价咨询、工程监理、BIM信息化技术等专项服务，开展系统化的全过程咨询服务。企业下设多个事业部和分公司，被省级人民政府、行业协会多次授予"行业科学技术进步奖""先进企业""诚信企业"。

公司紧抓"十四五"发展机遇，按照"绿色化、数字化、智能化"要求，推动"纵向拉通、横向融合、空间拓展"，建立多项技术创新平台，持续进行技术创新、管理创新，促进企业优化升级。

二、管理创新，做好基础保障

（一）管理制度标准化

发挥国企党建引领作用，强化党风廉政建设，将党建工作与生产经营深度融合，持续修订企业《标准化管理体系》《质量、环境、职业健康安全管理体系》，从生产经营、行政办公、工程管理等方面强化干部职工的工作作风，营造风清气正、廉洁、诚信执业的健康环境。建立人才培养机制，通过"传、帮、带"加强人才队伍建设，为标准化管理提供保障。

（二）管理组织模式创新

1.企业学院

成立河北冀科工程项目管理有限公司企业学院，建立逐级人才培养机制。通过"一对一人才研修班"进行人才起步培养；通过"全过程咨询启航班"进行高层次人才培育，为企业在专业技术领域深入研究奠定交叉学科、多层次、多元化的人才储备基础，为企业创新提升提供强有力的人才保障。近年在各专业领域培养了技术人才百余人。

2.企业技术研究中心

建立了医疗建筑、绿色建筑、轨道交通、特种技术、大市政（路、桥、污水、净水）、BIM及信息化等6个企业技术研究中心，持续打造专家智库，建立项目现场与专家团队的无缝衔接联动机制，为现场提供强有力的技术管理和风险管控的后盾支撑。提升企业自主研发和对先进技术的吸纳能力，促进科技

成果转化及企业技术创新战略规划的执行落实。

3. 博士工作室

企业与河北地质大学、河北经贸大学、华北理工大学、石家庄铁道大学、河北建筑工程大学、河北工业职业技术大学等多所高校建立了校企合作关系，开展特色化、差异化深度合作，实现高校博士团队与企业人才的有机结合。发挥博士团队的人才引领作用，形成结构合理、管理有序的人才梯队，培育省、市级高层次领军人才和高层次领军团队。发挥博士团队在科技创新、管理创新中的引领与示范作用，在公司业务领域开展热点、难点问题的战略性、前瞻性研究，为公司科技创新发展提供智囊。

4. 科技创新中心

结合国家科技创新政策，在做好基础产业的同时，推进企业创新发展，成立河北冀科工程项目管理有限公司科技创新中心。通过集聚一大批高校、科研院所和创新型领军企业，实现高水平科技自立自强，成为原创性重大科技成果和创新性技术产出的主力军。推动相关领域技术创新中心、研究院的落地，促进企业向科技型转化、产业化升级，为企业重点突破，可持续发展提供新的路径。

三、技术创新，高质量发展路径

1. 专业技术标准化

企业围绕管理体系的总体目标，持续提升技术管理水平。公司专家技术团队，制定《各专业管理工作标准》《图纸审查工作标准》《施工组织设计审核标准》《重点项目疑难问题工作洽商制度》《专家组定期检查制度》《创优奖励办法》，定期召开专家论证会，对工程管理中的难点、要点进行技术交流，为专业技术管理提供标准化指导。通过信息化平台建设，促进企业实现精细化、科学化和系统化管理。

2. 专项课题研究

通过对专业技术的不断总结提升，开展专项科研项目研究，形成技术沉淀。近年来，累计完成科研项目 20 余项，完成标准 4 项、著作 2 部，形成专利成果 20 项，发表论文 100 余篇，多项科研成果达到国际先进、国内领先以上水平。形成了多领域成套技术成果，促进了企业的技术创新升级。

3. 技术创新平台建设

成立石家庄市健康建筑技术创新中心、河北省建筑结构绿色建造技术创新中心、河北省既有建筑综合改造技术创新中心、河北省装配式住宅研究中心、河北省新型建材研发推广中心、河北省固废建材化利用科学与技术重点实验室、国家装配式建筑产业基地等多项技术创新平台，为企业技术发展提供动力源泉，促进科技研发与市场需求实现有效对接。

4. 产业技术研究院

企业以增强产业技术创新能力和市场竞争力为目标，整合高校、科研院所和产业链上下游企业创新资源，围绕产业链建立开放协同的创新机制，建立了河北省绿色产业技术研究院、河北省医康养产业技术研究院，充分发挥产业技术研究院高层次人才和高科技项目聚集的强磁场作用，开展绿色建筑、医康养产业共性关键技术研发与集成、科技成果转移转化、产业技术服务、人才引进培养、产业发展战略研究等科技创新活动。以社会需求为导向，以社会发展为己任，在参与推动社会发展的同时，解决企业发展困境，促进企业产业转型升级。

四、模式创新，打造服务新引擎

1. 河北省医建整合联盟

为推动医疗事业的发展，进一步研究以人为本，以人与环境、人与社会为整体进行整合型医疗的新方法体系，2018 年 5 月成立中国医建整合联盟，推动产业上下游共同协作，探索具有新时代特征的"医—建"整合发展之路。为推动河北医疗建设事业发展，企业联合高校、科研院所、医疗机构、企事业单位于 2019 年 6 月 18 日发起成立"河北医建整合联盟"。该联盟的成立为河北省医疗建设的科学化发展搭建了交叉学科资源整合平台。联盟成立三年以来为河北省的疫情应急筹备、常态化防控以及医疗建设科学化发展起到了积极作用。

2. 河北省医疗建筑学会

为加强医疗建设专业化、体系化、持续性研究，在河北省卫健委、河北省民政厅支持下，在"河北医建整合联盟"的基础上，于 2021 年 11 月 7 日发起成立"河北省医疗建筑学会"，该学会是全国首家以医疗建筑发展为主要研究方向的多学科整合省级学会。学会主要承接政府主管部门及行业专题科研研究；建立具有国际化视野、综合创新能力的医建整合智库；进行系统化社会调研及政策研究；搭建政、产、学、研、用一体的资源交流平台；提升医疗突发事件的应急处理能力以及医疗建设管理能力。

作为主要发起单位，"河北医建整合联盟""河北省医疗建筑学会"的成立，促进了企业对医疗建设领域的持续深入研究，加速了企业在医疗建设领域的体系化建设，促进了医疗建设科研成果转化。同时增强了企业交叉学科、多领域的整合能力，也为更多的企事业单位、行业组织提供了合作的资源与平台，为国家医疗建设提供了专家团队支持。

五、企业创新发展成效

（一）多元化经营

1. 全过程咨询标准化落地

经过 10 余年项目管理工作探索，公司紧抓全过程工程咨询发展的有利契机，结合公司在传统专业优势以及数字化技术研究，推动多个咨询服务的专业整合，实现菜单式服务模式。为规范全过程工程咨询项目管理，提高管理质量和管理效率，落地企业《全过程工程咨询服务技术标准》和《全过程工程咨询服务基本用表（试行）》。加快企业全过程工程咨询标准化体系建设，为全过程工程咨询项目的投资、建设、运营提供优质服务。

2. 经营多元化发展

经过多年积累，企业逐步提升资本运作、财务审计等方面业务能力，促进前期咨询、造价审计、招标代理、工程监理、项目管理等业务融合发展，并积极拓展企业管理咨询等服务模式，实现多元化、体系化、系统化咨询。

3. 医疗建筑专项咨询深度研究

近年来企业为百余家医疗单位建设提供项目管理体系化咨询服务，为近 300 家医疗机构提供过相关技术支持，为区域医疗建设发展起到了积极推动作用。2021 年企业荣获"中国医院建设十佳咨询服务供应商"称号。同时为河北省医建联盟和河北省医疗建筑学会提供了有效支撑。

（二）产业化拓展

1. 城市更新与运营管理

企业经过长期积累，集合了多板块，在建筑修缮、节能保温、绿色建设运营、健康建筑智能建造与信息化管理、结构抗震加固等领域，从城市产业、商业、就业、居住、文体、健康、养老等民生要素出发，在"双碳"目标方针指引下，积极与多方战略协同单位合作。通过对城市历史、文化、产业的系统化研究，提出创新性解决方案，为区域从点对点的企业引入实现产业化发展提供一揽子解决方案。持续完善城市更新与运营整体服务解决方案，共同打造城市可持续发展产业生态链。

2. 产业链企业融合发展

企业的业务和产业拓展是一项多领域、跨行业、长周期的工作，企业从全产业链协同发展和全生命周期管理角度出发，统筹产业规划、投融资、城市规划设计、工程建设、运营管理、数字化建设以及产业装备生产企业等各方力量，科学、有序地稳步推进产业链企业融合发展。

六、践行初心使命，勇于担当

企业以廉洁自律、诚信执业为基本要求，勇担当、善作为，以核心技术为支撑，以专业人才团队为依托，积极践行国企社会责任。

1. 长期积累，应急筹备

2020 年初，新冠疫情蔓延之时，受河北省卫健委委托，组建以企业医疗建设专家团队为核心的省内外医疗建设专家近百人，成立疫情防控应急专家组，先后完成"河北小汤山医院""河北方舱医院"建设预案，完成"河北省 PCR 实验室"建设导则。并为河北省常态化防控提供长期技术支持，先后为河北省医疗建设提供专家团队技术支持。

2. 黄庄抗疫，责任担当

2021 年初，石家庄疫情来临之时，在河北省建筑科学研究院有限公司领导下，积极响应省委省政府、省卫健委、省住房和城乡建设厅号召，迅速动员近 200 名技术专家组建突击队，积极参与疫情紧急隔离点建设，参与黄庄公寓整体设计，负责项目现场管理及全面技术支持工作。在质量、安全、进度管理方面发挥了重大作用，确保应急隔离设施按期完成。

3. 强化服务升级，助力全民健康

以全面推进健康中国建设为引领，以提高卫生健康供给质量和服务水平为核心，通过跨领域资源整合，凝聚企业、高校、学会、协会等多方力量，汇集多方智慧，为提升河北省医疗卫生综合能力建设提供技术指导，助力全民健康事业发展。

结语

紧跟时代发展步伐，加强核心技术产业体系建设，持续改革创新，是企业发展的重要路径。企业将加快科技创新与持续升级，促进与高等院校、科研机构和相关行业企业间的多层次、多维度、多行业交流合作，打造智慧、共享平台，加速资源整合，促进企业转型升级，为推动行业高质量发展贡献国企力量。

大型机场航站楼工程监理工作实践

徐荣梅

上海建科工程咨询有限公司

摘 要：本文依托参与的上海浦东、虹桥机场两场四座大型机场航站楼建设监理实践，分析了机场航站楼工程建设的特点和难点，对大型机场航站楼工程施工监理的总体思路、组织架构设置、清单化、阶段策划质量安全管控措施进行了总结和分析，以期为大型复杂工程施工监理提供借鉴。

关键词：机场航站楼工程监理；组织架构设置；清单化；阶段策划质量安全管控

近年来我国民用机场数量不断增加，规模也持续扩大，机场工程建设管理得到了较大的发展。随着经济的进一步发展，民用机场运输的需求不断增加，国内许多城市都在调整机场中长期规划或设置新机场，机场工程建设进入新的阶段。从上海浦东国际机场 T1 航站楼、T2 航站楼，虹桥机场综合交通枢纽到浦东机场卫星厅工程建设，公司参与了上海两场建设监理工作，总结和形成了大型机场航站楼工程施工监理的管理组织模式和管理措施。

一、大型机场航站楼项目分析

（一）项目建设特点

1. 航站楼造型新颖独特

机场航站楼工程作为大型公共建筑，是城市向国内外展示的窗口，一般为地方标志性建筑，造型新颖，并和当地的文化相结合，参与航站楼建设需要深刻理解和认识其造型特点、设计理念，以及建筑上的特殊要求。

2. 建设规模不断增大

从近几年航站楼建设的规模来看，航站楼建设体量越来越大，不断出现建筑面积在 50 万 m² 以上的航站楼单体工程，如浦东国际机场卫星厅、北京大兴机场航站楼以及规划建设的厦门新机场航站楼等。航站楼体量的不断增加，对航站楼建设管理的要求越来越高，工程建设的质量安全风险也越来越多。

3. 综合枢纽化要求高

大型机场建设向枢纽化方向发展，航站楼的功能越来越综合，界面越来越复杂，高铁、轨道交通或城际铁路等通过交通换乘中心接入机场航站楼。外部交通的接入带来大量的界面和协调工作，机场建设指挥部、高铁指挥部以及轨道交通建设管理部门需要更高层次的组织沟通；同时为了达到更好的旅客体验，建筑单体之间功能交叉带来实体推进界面问题和交通导向标识一致性问题等。

4. 强调功能体验舒适

旅客的体验是机场航站楼建设目标是否达到的最终体现，除了航站楼内高品质的装修和人文需求，更强调其民航特有的功能，包括功能的布局和定位、人员引导输送的标志标识系统、行李分拣系统、安检系统等，系统功能的稳定性是机场的生命线。

（二）施工管理特点

1. 施工组织及场地管理

航站楼工程建筑面积大，其本身施

工组织管理已存在一定难度，同时如前所述，航站楼一般和周边飞行区、交通中心、进出场高架等同步施工，各建筑物之间施工必然会带来施工顺序组织、场地管理问题，如深基坑的开挖顺序、钢结构的拼装场地、施工排水、场地交通组织、施工道路的翻交等。

2. 多标段施工协调

航站楼大规模的建设，其施工范围广，具备流水作业施工的条件，同时受限于管理能力和施工能力，一个项目部很难保证项目的如期推进，因此在项目建设过程中一般会分标段进行施工，特别是精装修和幕墙，多则划分为 4 至 5 个标段。多标段施工带来大量的管理协调工作，如施工界面的协调、质量标准的协调、测量标高和轴线的协调等。

3. 动态安全管理

航站楼工程专业多，存在大量的立体交叉作业，如钢结构和混凝土结构的立体交叉施工、安装和装饰工程立体交叉施工、大空间内装饰各专业之间的立体交叉施工等。立体交叉施工作业带来大量的安全隐患，安全管理难度大。

（三）施工技术特点

机场航站楼门户定位和功能需求的特点对施工技术提出了较高的要求，施工技术特点带来了监理质量安全管理的重难点，包括多标段联合测量控制、多基坑组合的深基坑工程、超长大跨度混凝土结构、大跨度钢结构、防水要求高的金属屋面、公共区大空间装饰装修、机电系统调试复杂、民航专用设备和专业系统的调试等。

二、监理工作总体思路

（一）完善制度体系建设

一个项目部的创建，需要制度来支撑。项目部在工作过程中不断完善项目制度建设，改变工作思路，创新管理模式。根据项目实际情况，明确项目部组织架构、具体岗位及其岗位职责，制定各项工作流程、工作制度、各项清单模板等，并且在项目实施过程中，适时调整、完善，力求以最好的制度来支持项目部工作，达到由人管理向制度管理的完美过渡。

（二）强化质量安全管理

机场航站楼工程质量标准高，不停航施工保障运营安全，要求项目部必须充分发挥工程质量安全卫士的职责，严格要求监理工作质量。在质量监管方面，坚持工作原则，不放低监理标准。施工前要做到精心策划、充分交底；施工中要坚持标准、以数据说话；施工后深刻分析、认真总结、积极积累。安全监理方面，坚持业主要求"机场无小事、安全零容忍"目标指导现场安全监理工作，从事前安全管理策划、验收节点控制、加强巡视检查、专项整治安全隐患等方面确保现场安全。

（三）重视团队建设和人才培养

良好的团队建设，不仅能够增进项目部成员之间的凝聚力，更为项目部更好地展开工作、推动实践奠定坚实的基础，同时，也为公司培养高端技术管理型人才提供平台。机场项目始终把创建学习型团队作为项目工作目标和常态管理的一部分，以此不断提高自身工作水平、增强团队凝聚力。保持对员工的培训交底，明确组长及以上人员周例会和全体人员月度会等会议制度。开展内部各类技术培训交流、参加公司及集团组织的专项培训等，以此来提高人员技术能力与管理协调能力，提升监理工作水平，为业主提供更优质服务。

（四）科研创新提高监理水平

发扬"来源于工程，应用于工程"的做法，积极开展科研创新工作，把监理工作与科研活动紧密结合。从大型航站楼工程的风险管理、不停航施工风险管理、参建单位管理效能评估、知识管理等方面项目团队申请上海市科委课题 2 项，公司科研项目 1 项以及业主委托横向课题 2 项，通过科研项目培养人才，以科研成果指导项目的工程管理及技术难点的实践。

三、监理针对性管理措施

（一）组织架构优化及内部管理

1. 监理组织机构的设置

大型机场航站楼工程监理工作量大，需要配置大量的监理人员，大型监理项目机构的组织机构设置是做好监理工作的前提。在充分分析建设单位的组织架构、建设管理模式、合同分解以及施工管理模式的基础上，在大型机场项目中公司采用直线职能式组织架构，除总监外需要设置专业总监代表，同时根据标段和专业的划分设置专业监理组，航站楼专用设备和弱电系统需要单独设置监理组，另外需要设置综合办公室统筹管理。在标段和专业的设置中要充分考虑配置人员的特点，一般来说土建、装饰按照标段划分，钢结构、幕墙、机电安装按照专业来进行划分。

2. 内部管理职责的界定

相比中小型项目采用的直线制组织架构，大型项目的直线职能式组织架构管理层级较多、专业组设置也较多，对监理机构内部管理协调要求高。规范界定了总监代表、专业监理工程师和监理员职责，但针对专业总监代表、专业组长以及资料员、安全监理、见证员和专业组之间的职责界定不明确，因此需要制定相关制度来进行明确，制度规定了专业总监代表 / 组长和专业监理工程师职责界定、各专业组和资料员职责的界定、各专业组和见证员职责的界定，以及各专业组和安全组的职责界定

（二）清单化主动有效控制质量安全

针对大型复杂航站楼工程建设规模大、参建单位多、专业内容多等特点，采用施工单位报验后质量验收的传统的被动式监理质量控制方法在事前控制、项目推进、质量问题整改、验收情况掌控等方面存在难度，采用清单化主动控制的方式能有效控制工程质量，公司在开工审核、工序验收、专业配合等方面均进行了实践。

1. 单项工程开工审核清单事前预控

为了加强事前控制，监理设置单项工程开工审核清单，对主要的分部分项工程开始进行节点控制，审核清单包括分包单位资质、人员资质以及质量安全管理体系的报审、施工方案的编制与审核、人员安全交底、监理细则的编制、现场机械设备机场报验、材料进场报验、现场需要完成的前置条件等内容。在工程实施前告知施工单位审核清单内容，使得监理管理要求透明化，有效推进工程进展和质量保证体系的完善。

2. 隐蔽验收清单流转加强专业配合

机场工程功能需求多，不管是混凝土浇筑、竖向模板封闭还是装饰封板等隐蔽工程均涉及多个专业的施工内容。为加强专业配合，确保隐蔽前各专业均验收确认，设置"隐蔽验收流转清单"，按照检验批划分进行专业流转验收确认，监理人员对每一检验批分专业进行检查验收，从而确保质量和不遗漏，如混凝土浇筑验收，涉及测量复核、排架支撑体系、钢结构埋件及型钢结构、安装各类预埋等内容。隐蔽工程的专业工程师进行最后确认，如混凝土浇筑验收由土建专业工程师确认，装饰封板由装饰专业工程师确认。

3. 工序验收清单严格控制过程质量

机场工程进度紧张、质量要求高，钢结构和幕墙工程点多面广，钢结构、幕墙和屋面工程关联度大，对于实现外围护闭水这个关键的里程碑节点至关重要，且建筑一般会设计较多外露构件，除保证结构本身安全质量外，外露构件的美观也尤为重要。为此公司在钢结构、幕墙监理过程中，更加注重过程控制，对施工过程进行重点工序识别，制定工序验收清单，如幕墙工程分为埋件检查、幕墙连接件安装、龙骨安装、玻璃面板安装、胶缝注胶、压板及扣盖安装、伸缩缝安装、防雷构造安装以及防火岩棉安装等工序分别验收，同时落实验收"停止点"，实施前通过与施工单位协调沟通以及交底的方式，过程发现问题及时纠正，并督促施工单位及时整改销项，确保上道工序合格方可进入下道工序施工。

4. 验收网格清单主动控制验收进展

针对航站楼工程单体面积大、分布广，每个分项工程检验批数量大，尤其是安装工程还涉及通球、打压等功能性试验，被动验收对整体把握性不好，易造成少验收、漏检测的问题，公司从现场区域和验收环节（包括工序、功能性试验和检验批）两个维度设置验收网格清单，记录各功能性试验、隐蔽验收、检验批验收完成时间，保证每道工序、每个部位全面覆盖，避免施工时工序倒置和现场区域验收时有遗漏，达到监理主动控制验收进展的目的。

（三）过程不断策划保证质量安全

1. 阶段性安全管理策划抓重点

大型机场航站楼建设工期紧、危大工程多，同时涉及机场运营的"两防一线"是安全管理的重中之重。在工程建设的各阶段安全管理的重点不尽相同，公司要求在土建结构施工阶段、钢结构幕墙施工阶段以及装饰安装阶段实施前分别进行安全管理工作的策划，识别各阶段的管理重点，有的放矢。土建结构阶段管理重点是管线安全、大型机械设备、模板支撑体系等内容，钢结构幕墙施工阶段危险品控制、高空作业、动火作业等是管理的重点，而进入装饰安装阶段管理的重点又转变为消防安全、临时用电、高处作业、交叉作业保护、防台防汛等。识别重点后要求施工单位做好管理策划，如统一的登高设施、危险品仓库及消防设施的统一布置、区域的管理责任落实等，从源头上解决问题。

2. 策划流程避免交叉作业隐患

航站楼工程涉及大量的机房，如浦东机场卫星厅各类机房累计 400 余间，尤其是大量的生活水泵房、消防泵房、空调机房、柴发机房、变配电站等机房作业涉及管道焊接、设备安装、电网切块等危险源，机房内装饰单位、设备安装单位、管道及安装各专业均有施工内容，交叉作业带来较大的安全隐患。针对此公司在实施前厘清机房内作业内容、分析危险源，要求施工单位做好作业流程的安排，各工种按照程序交接验收后进入机房施工，避免交叉作业带来的安全隐患。

3. 验收工作策划推进验收进展

项目竣工验收是全面考核建设成

果，也是对监理工作成果的检验，公司针对航站楼工程建设面积大、参建单位多、功能定位复杂、系统调试要求高等特点进行了竣工验收策划。提前准备，在各专业实物量基本完成的基础上，监理工作重点进入收尾阶段，明确验收工作组织和工作内容，"明确责任、严格检查、跟踪整改"，定期召开会议推进验收工作；按照工程的分区，分阶段开展验收工作，减少一次验收工作量保证验收工作质量；借助公司的力量，督促施工单位质量管理体系工作不断落实，在要求施工单位公司各级质量管理部门进行验收检查的同时，监理单位组织公司专家，对项目进行竣工预验收，以形成项目竣工验收的工作氛围，有效推进验收工作开展。公司专家在竣工预验收时提出的问题，作为现场团队工作的有效补充，使监理工作更加有效完善。

（四）开展考核活动提升竞争意识

航站楼分标段施工，尤其是后期的钢结构、幕墙、精装修以及弱电设备专业分包单位多，为确保工程质量、进度、安全目标的顺利实现，调动多个标段和专业分包单位的工作积极性，提升竞争意识，监理制定考核细则，按月度对子项目部及专业分包单位实施考核。考核从技术管理、质量管理、安全管理、进度管理、安全文明管理以及依法合规六个方面展开，月度考核后汇总集中讲评。通过考核和讲评工作推动项目质量安全管理意识提升，形成赶学比超的竞争氛围，发挥各标段和专业分包管理的积极性，提高项目质量安全管理水平。

四、总结与展望

机场工程建设是国家新一轮基础设施建设的重点之一，航站楼是机场工程建设的核心工程，公司通过参与上海浦东、虹桥两场以及南京禄口、杭州萧山机场等机场航站楼和交通枢纽的建设，总结了一套适用于大型机场航站楼施工监理管理模式，在项目监理机构组织、加强策划、清单化精细管理方面采取了针对性的监理措施。但是在航站楼建设规模不断增大、专业性和建设管理难度不断增大的过程中，我们需要不断创新管理理念，提高机场专业知识和能力，主动向前介入、向后延伸，并应用新技术提升监理工作方法和手段，以专业化监理服务充分体现监理价值，以期在后续的大型机场航站楼施工监理及全过程咨询中发挥作用。

承德医学院附属医院新城医院项目监理工作经验与体会

张卫东

承德城建工程项目管理有限公司

摘　要：经过大型综合性医院项目的监理工作实践，笔者认为工程质量是整个施工过程中各个环节工作质量的综合反映。工程质量控制的基本经验是必须要坚持监督与管理并重的方针，监督与管理相辅相成缺一不可。

关键词：工程质量；工作质量；质量控制；监督与管理

近年来，随着人民生活水平的不断提高，对医疗保健服务也提出了更高的要求。各地均兴建了许多大型综合性医院，诊疗更加智能化、现代化，涉及多个系统，功能更加完善、细化，但同时也增加了建设和管理的难度。笔者有幸参与了承德医学院附属医院新城医院的全过程监理工作，结合工作实践谈一下经验与体会。

一、工程概况

承德医学院附属医院新城医院为大型三甲医院，占地178亩，建筑面积12.5万 m²，是一个大型群体建筑项目。本工程由清华大学建筑设计院设计，平面和立面设计新颖别致，整体建筑像一艘巨大的航空母舰在大海上前进。

本工程1号、2号病房楼地上17层，地下2层，现浇钢筋混凝土框架 –剪力墙结构。3号门诊楼地上4层，地下2层，现浇钢筋混凝土框架 – 剪力墙结构。4号办公楼地上8层，地下1层，现浇钢筋混凝土框架结构。设计使用年限为50年，结构安全等级为二级，建筑抗震设防类别为乙类，基础为梁板式筏板基础，设计等级为甲级。建筑防火等级一级，屋面防水等级为Ⅰ级（图1）。

二、监理重点难点

1. 本工程距滦河只有400多米的距离，地下水位较高，根据地勘报告，常年地下水稳定在 –6m 左右，而基底设计标高最深为 –14.7m，降水是最大的难点，经专家论证采取止水帷幕打钢筋混凝土灌注桩，地面打32眼井点降水法确保边坡的稳定及施工的顺利进行。

2. 3号门诊楼四层大会议室33.6m 预应力无梁板大跨度现浇混凝土板、4号综合18m 预应力无梁板大跨度现浇混凝土板，施工及监管难度大。

3. 装修标准高。外墙为钢结构造型，使用外挂石材、玻璃幕墙、金属百叶等高级装修材料。室内装修使用铝扣板、石膏板吊顶；墙面干挂石材，贴高级墙砖和海基布，涂刷高级涂料，使用防静电抗辐射特殊饰面等；地面材料有花岗石、地面砖、耐磨地面、PVC 地面、抗静电地板等。

4. 本工程合同约定质量目标为省优质工程，施工单位定为申报"鲁班奖"项目，质量目标高，必须精心管理、精

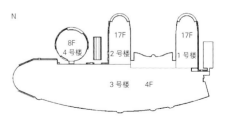

图1　项目平面图

心施工才能确保目标的实现。

5. 专业分包多，机电专业齐全，管线排布复杂，预留预埋多，监理协调管理工作量大。

三、明确目标，完善制度，做好监理的前期准备工作

1. 根据本工程确定的"必保省优，争创鲁班奖"的质量目标，结合公司提出的"七个一"（学好每一张图纸、审好每一个方案、管好每一种原材、把好每一道工序、记好每一页记录、开好每一次例会、写好每一份监理文件）和监理工作"四项要求"（拿图验收不缺项、轴线标高亲自量、严控商混水灰比、旁站监理百分之百）建立了早晚会制度、项目部考勤制度、材料验收制度、工程变更工程量核实制度、质量验收检查制度。提出并制定了约束参建各方的施工现场管理制度，使现场各项管理工作有据可依。

2. 根据项目部监理人员的年龄结构和专业特长进行合理分工，保障各专业监理的巡视、旁站、平行检验、验收签证等项工作无死角，全覆盖。

3. 组织各专业监理工程师认真学习设计文件，将图纸中存在的问题以书面形式报建设单位；积极主动参加建设单位组织的设计交底和图纸会审，了解设计意图，明确每个问题的处理意见并进行梳理。

4. 开好第一次工地例会，做好监理交底工作。监理交底是监理工作的技术性交底，也是工程开工前的一次思想动员。监理应在业主的有力支持下做好这一工作，业主支持具有重要的积极意义，能够为监理工作开好头打下思想基础。

在监理交底会上，监理人员运用自己的知识和工程管理经验，阐述工程质量及质量控制概念，讲明监理对新城医院工程质量控制的指导思想，表明公正监理、严格监理的立场和态度，提出监理对施工单位人员资格，质量管理体系、技术管理体系和质量保证体系的具体要求。其目的是要让施工单位管理人员，特别是主要负责人提高认识，增强质量意识，促使其建立健全三大体系，按照高起点、高标准要求做好质量管理工作，这是保证工程质量的重要前提。

5. 审查施工单位的报审资料和前期准备工作

1）审查施工单位的管理人员和特种作业人员资质，以确保施工单位人员素质满足投标文件及合同要求，具有能完成本工程并确保其质量的技术能力和管理水平。

2）要求施工单位建立三大体系，确定工程项目的质量目标。要求施工单位建立和完善各项管理制度，落实项目部管理人员的岗位职责。

3）认真审核施工单位申报的施工组织设计、专项施工方案、季节施工方案并严格按程序审批，主要审核内容是否具有针对性、施工方法和施工顺序是否科学合理、工程质量保证的技术措施是否得当。申报方案经监理批准后方可施工，实施过程中监理要经常检查落实情况。

4）检查施工现场的测量基准点保护措施是否可靠。要求施工现场使用的测量工具必须经过法定检测部门检测，并有检测报告，现场设专职测量员并持证上岗。

5）对工程质量有重大影响的施工机械、设备（如塔吊、物料提升机、混凝土泵等）审查施工单位提供的相关技术性能报告，凡不符合质量要求的不能使用。保证进场的机械设备能正常运行，进而保证工程施工质量。

6. 进行质量管理体系的检查工作。核查承包单位的工程项目管理人员的到位情况；审查承包单位的常驻现场代表——项目经理以及其他派驻到现场的主要人员的资格；督促承包单位建立健全质量、进度、造价、合同、资料及安全等管理及保证体系，运行过程中核查承包单位的各种保证体系的运转情况。在监理过程中，如果发现承包单位的项目部管理人员工作不力，及时建议承包单位调换有关人员，并向建设单位代表汇报。

四、强化过程控制，尤其是重点难点部位的质量控制

针对新城医院系统多、体量大、技术难点较多的特点，公司项目监理部采取了以下措施强化监督管理。

1. 材料产品质量的优劣是保证工程质量的先决条件。对工程所需的原材料、半成品的质量进行检查与控制是监理重要的基础工作。凡进场的材料均要求有产品合格证或检验报告，同时还应按有关规定进行复试及见证取样，没有产品合格证及复试不合格的材料不得在工程中使用。

2. 在施工过程中监理人员密切注意施工单位自检系统的运行情况，利用周例会及时解决现场存在的问题，定期检查施工单位质量管理体系运作的实际效果，对不称职的管理人员要求施工单位予以撤换。

跟踪监督、检查与控制工序施工过程中，人员、施工设备、材料、施工工艺以及施工环境条件等是否满足要求，

若发现问题及时加以控制改正。

3. 注重隐蔽工程验收、工序交接检查、技术复核程序的落实。所有隐蔽工程必须在被隐蔽或覆盖前由监理人员检查、验收，确认其质量合格后，才允许进行隐蔽施工，如地基工程、钢筋混凝土工程、砌体工程等。

工序交接检查是指前道工序完工后，在施工单位自检合格的基础上，经监理人员检查认可其质量合格并签字确认后，方可移交下道工序。例如，钢筋、模板工程完工后，必须进行钢筋、模板和混凝土浇筑工序之间的交接检查，确认钢筋、模板工程质量合格后，方可进行混凝土浇筑施工。

技术复核是指工程施工前所进行的符合性预先检查，这种预检的目标和对象主要是复核与施工有密切关系的、已完成的工作的正确性，如轴线、标高、预留孔洞等的位置和尺寸都要进行技术性复核，未经监理人员复核或复核不合格均不得进行下道工序施工。

4. 加强日常的巡视、旁站和平行检验工作，利用每天的项目监理部早晚会及时沟通当天发现的问题，提出解决方案，安排下一步的监理工作重点。密切注意施工单位对影响工程质量的各方面因素所做的安排，以及对施工中可能发生的不利于保证工程质量的变化，做到及时防范，将影响工程质量的不利因素始终纳入控制管理范围。

对重点难点部位加强监管和质量控制力度，如基础筏板抗渗混凝土一次浇筑量高达3000多立方米。为确保该混凝土部位的强度和外观质量都满足"鲁班奖"的要求，监理人员实施严防死守的全过程旁站监理。监理人员冒着严寒

连续60多个小时死看死守，最终，整个基础大体积混凝土没有出现一条结构性裂缝，强度完全满足要求，体现了监理人高度的责任心和忘我的工作精神。

预应力无梁板大跨度现浇混凝土板属于当时国内领先的新工艺应用。该工艺在北京奥运场馆鸟巢项目中首次被使用。在大会议室和综合楼中分别有跨度为33.6m和18m的预应力无梁板大跨度现浇混凝土板，施工难度非常大。为确保预应力钢丝绳初始位置准确、受力均匀，公司监理人员提出按照工艺中的弧度要求，每1.5m做一个固定点，使钢丝绳在固定点的控制下，准确达到工艺要求的弧线形状。最终预应力混凝土的施工保质保量顺利完成。

本工程涉及的系统多、专业多，非常复杂，当时设计单位也没有BIM建模和错碰检查，施工单位也没有对整个安装系统进行详细的规划安排，各专业管线错漏、碰车较多。项目监理部水电人员认真看图反复核对，发现问题及时通过建设单位与设计单位联系进行调整，并协调各专业单位进行调整，避免了大量的返工和浪费，得到了建设单位的好评。

5. 用质量控制程序和指令性文件，规范和约束施工行为。严格执行质量控制程序，正确运用指令性文件，如《监理工程师通知单》《工程暂停指令》《质量安全整改通知》等，用来指出工程中存在的问题，指示施工单位做什么、不做什么，以规范施工行为，强化质量管理，确保工序施工活动始终处于正常的良性状态。

如监理人员在巡视中发现施工单位在进行4号楼一层楼梯间隔墙（4.5m

高）施工时未按设计要求设置水平拉梁和构造柱，及时要求其按图施工并下发了监理通知，但施工单位认为是非承重墙不会出现大的问题，拒不整改，总监下达了局部停工令并上报建设单位和行政主管部门，行政主管部门对其项目经理进行了严厉批评和相应的行政处罚，施工单位才进行了返工。

五、经验与体会

承德医学院附属医院新城医院工程项目监理部按照公司制定的"监帮结合、严控质量、争创精品、顾客满意"的质量方针，认真执行监理工作标准，圆满完成了监理任务。通过参建各方的共同努力，工程已荣获"安济杯"省优工程，正在申报国家工程质量最高奖项"鲁班奖"。在整个工程的监理过程中，我们深刻体会到工程质量是整个施工过程中各个环节工作质量的综合反映，而不是靠单纯的质量检验检查出来的。质量控制就是围绕质量形成过程中各个环节的作业技术和施工活动来开展的，是通过控制活动的工作质量来保证实体质量。正是由于影响工程质量的因素多、质量波动性大、变异性强、隐蔽性强，从而导致工程质量检查监测的局限性，因此仅靠监督检查来保证工程质量是远远不够的。

综上所述，工程质量控制必须要坚持监督与管理并重的方针，监督与管理相辅相成缺一不可。没有监督的管理，无异于纸上谈兵；没有管理的监督，近似于空中楼阁，这是工程质量控制的一条基本经验。

大型综合交通枢纽工程创优管理监理工作探讨

杨之军　张　伟

北京赛瑞斯国际工程咨询有限公司

摘　要：本文主要是对大型综合交通枢纽创优管理的监理工作进行简述，运用以往大型火车站的管理经验结合北京新建丰台火车站的实际情况，对如何做好大型综合交通枢纽工程创优管理进行论述，提出创优监理管理方法，为类似工程借鉴。

关键词：创优管理；监理工作；协调管理；管理要点

一、总体概况

（一）工程简介

城市综合交通枢纽将多种交通方式集一体，将枢纽用地的地上、地下空间进行有序组织，以规划设计的立体化、集约化方式实现功能的高度综合。

北京铁路枢纽丰台站位于北京市西南部丰台区，具体位置为丰管路以南，丰台东大街以东，丰台东路以北，西四环与西三环之间的地块内。新建丰台站位于既有丰台调车场，车站站中心对应京沪 DK17+873.92m，丰台枢纽东西分别跨越西三环南路、西四环南路，东南侧为三环新城，北侧为新丰草河，车站总体布局为自西南至东北方向。站房建筑总规模为 39.88 万 m²，融合了铁路、地铁、市政、公交以及相关配套设施，铁路站房与城市地铁、市政换乘设施同步实施。丰台站站房地上 4 层，局部设有夹层；其中地上一层为地面进站集散

厅，地上二层为铁路旅客进站及候车层，地上三层为高架车场出站厅层，地上四层为高架车场站台层；地下 3 层，局部设有夹层，其中地下－层为铁路旅客出站及北京地铁 10 号线地铁换乘层，地下二层和三层分别为 16 号线的换乘层和站台层（图1）。

丰台站采用双层车场设计，普速车场位于地面层，采用上进下出的流线方式；高架车场位于 23m 标高层，采用下进下出的流线方式。

丰台站普速车场规模为 11 台 20 线（含正线 5 条），车场设 550m×13m 基本站台 2 座，设 550m×11.5m 岛式站

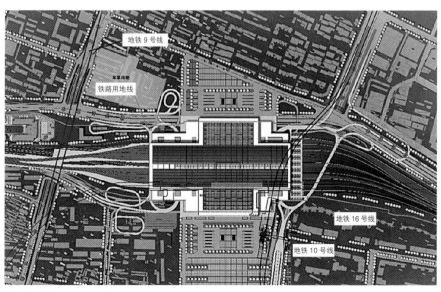

图1　丰台站枢纽总平面图

台9座，到发线有效长度为650m，站台上设与站台等长的雨棚。普速车场主要承担京广、丰沙、京原、京九、京沪线及市郊铁路旅客列车始发终到作业，承担通过旅客列车到发作业。

丰台站高架车场规模为6台12线，车场设450m×11.5m岛式站台6座，到发线有效长度为500m，站台上设与站台等长的雨棚；设高架候车厅1座及站舍等配套设施。高速车场主要承担京广客专、京石城际旅客列车始发终到作业。

（二）创优目标

本工程创优目标为国家优质工程、"鲁班奖""詹天佑奖"、中国钢结构金奖、铁路优质工程一等奖、北京市结构长城杯金奖、北京市建筑长城杯金奖、创绿色建筑三星级标准、绿色施工科技示范工程、3A级安全文明诚信工地、北京市安全文明样板工地等奖项。

（三）工程重难点

1. 工程现场及场外交通组织

本工程位于北京市西三环与西四环之间，由于铁路线路的分隔，导致车站周边区域路网南北方向连通性较差。区域主干道、次干道大都未按规划实施，道路通行能力不足。另外，现有道路连通性较差，等级较低，汽车运输通行能力较差，同时，本工程为大型公共交通枢纽建筑，工程规模大、材料运输量大，施工中涉及多工种、多专业、多施工单位的交叉，现场道路资源的合理利用、不同作业单位的合理穿插是施工管理重点与难点。

2. 超长筏板以及大尺寸劲性梁混凝土结构施工

本工程筏板尺寸超大，尺寸约为320m×330m，并且局部存在超厚筏板，

钢骨梁尺寸最大达3.2m×5.2m。大体积混凝土配合比、材料运输、过程浇筑、养护控制等均须特殊关注，混凝土结构裂缝控制是混凝土施工控制的关键。

3. 大体量大跨度钢结构施工

本工程大量采用劲性钢结构，构件尺寸大，单个构件重量大，加工、焊接、运输、安装难度大；钢材种类多、高强结构钢用量大；单个构件最重的达80t，最大跨度达40m，用量为19万t。

4. 高大空间模板支撑

本工程高大空间模板范围大，其中，中央站房1-2区、2-2区、3-2区、4-2区一至二层高为10.0m、10.5m；梁截面最大尺寸达2.5m×5.2m，支撑跨度22.3m；以上部位支撑体系搭设难度大，周转材料用量大，支撑高度高，支撑体系的选择关系到结构质量及施工安全，施工时须对该部位支撑体系进行特殊处理。

5. 高大空间装饰装修工程

本工程高架候车厅开间120.2m、进深307.5m，集散厅大空间内吊顶高度31m，其余均在10m，其空间高度高、吊顶内部专业涵盖广、设备管道多、作业人员施工交叉工作量大。工艺工序和细部做法安排不当，将对工程进度和质量造成很大的负面影响。

二、创优依据

本项目创优依据有施工合同、监理合同、《绿色施工管理规程》DB11/T 513—2018、《建筑工程绿色施工评价标准》GB/T 50640—2010、《绿色建筑评价标准》GB/T 50378—2019、《建筑工程绿色施工规范》GB/T 50905—2014、《建筑结构长城杯工程质量评审标准》

DB11/T 1074—2014、《建筑长城杯工程质量评审标准》DB11/T 1075—2014、《中国建设工程鲁班奖（国家优质工程）评选办法（2017年修订）》，以及其他相关工程标准、规范、规程等。

三、创优管理监理主要内容

（一）为了确保全线"创建铁路优质工程，争创国优工程"目标的实现，公司领导高度重视，成立争创国家优质工程监理工作领导小组，负责丰台站改建工程站房工程创优的监理全面领导工作，并设立创优工作监理管理小组，编制精品工程监理实施细则，负责监督、指导监理部创优规划的实施情况。

创优工作管理小组下设创优实施工作小组，负责创优实施的日常工作。创优工作实施小组由各专业监理工程师、信息监理工程师、试验监理工程师、测量监理工程师、安全监理工程师、内业监理工程师、BIM监理工程师、设计兼绿建监理工程师等组成（图2）。

（二）强化创优意识，认真做好工程创优的监理策划工作

首先，创优工程要立足于"创"。项目监理部进行了创优交底，把创优目标和要求向项目监理部全体人员讲清讲透，提高大家的创优意识，营造浓厚的质量创优氛围，使质量创优基础得以不断夯实。

其次，向工程施工单位明确工程创优的要求，使工程创优活动成为全体参建人员的共识。

最后，严格检查施工单位的施工生产要素配备质量情况，要求施工单位组建工程创优领导班子，建立健全质量管理和质量保证体系，并调集公司各专业

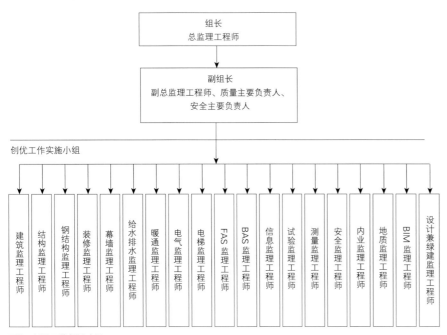

图2 创优工作领导小组

骨干力量支持本工程监理工作，确保主体工程创优得以实现。

（三）制定监理创优工作文件

编制《监理规划》《精品工程实施细则》及各专业《监理实施细则》等监理文件，分解质量目标，坚持执行样板引路制度，并对质量控制的依据、检查内容、方法和数量都针对性地作出规定，通过不同岗位监理人员的检查，使结构的安全性、使用功能等内在质量和外表实体的观感质量都可控，确保工程优良。

（四）狠抓内部管理，提高监理水平

工程创优对监理人员的技术素质要求较高。公司推行ISO 9001质量管理体系，以定期检查、学习、培训交流等方式，加强公司与监理组的联系，以人员储备、统一调度等做法，保证公司对监理组相应的岗位和人力进行直接控制；公司各职能部门对总监和监理组，按规定要求进行检查、监督，并定期考核，

保证监理组的工作均在公司规定层面上运作；加强监理人员职业道德和廉政教育，不受请、不收礼，不做与监理身份不相称的事。

（五）加强质量预控，精心做好创优工程施工前的各项准备工作

工程施工前，根据本工程的特点，科学、合理地设置质量控制点，制定主体结构、装饰装修、水电安装等分部工程的质量预控方案和质量通病防治措施，并建立以质量通病控制为重点的质量监控模式，对工程质量进行有效的监控，确保施工质量。

1.监理工作的核心是预控。监理利用自己的专业技能、现场经验为业主服务，要使工程项目的质量安全问题消除于萌芽状态。

2.所有用于工程的材料均应是合格的，所做的工程试验各项指标均应是真实的，这是质量控制的重点。

（六）坚持科学监理，严格创优工程

的过程质量控制

1.创优工程质量的控制贯穿于工程施工监理的全过程中。特别是关键部位、主要环节、重点工序的工程质量，应实施全方位、全过程、全天候的严格的系统监理，采取重点控制与一般控制相结合、巡视检查与旁站监理相结合的方法，使工程质量始终处于良好的受控状态。不管白天黑夜，只要有施工作业就有监理人员在场。做到每道工序的施工过程都在监理人员的掌握控制之中，确保工程优良。

2.抓好施工合同的验工计价及合同外工程量计量审核工作，也是现场监理组的工作重点。

3.认真做好监理资料。监理组将资料的收集和管理放到与现场控制相同的高度来对待，按照公司制定的监理档案管理制度和收集、管理办法，以及一系列的表格来开展工作，公司也通过对业内人员工作的检查交流来提高资料管理水平。

（七）现场的综合协调工作

丰台站周边环境复杂，铁路站房两家总包单位、甲供货厂家全部纳入监理管理，首先与周边施工单位的交叉施工协调沟通，包括北京住总、北京城建、中铁六局等，尤其是既涉及东雨棚，又涉及拆迁的区域，来回交叉施工交接场地，现场工作量较大；其次与旅服总包单位的项目监理部也是加强交叉施工区域的协调配合，专人跟踪管理，督促总包单位按时按质按量完成，避免互相影响。

（八）学习培训制度

监理部根据工程进度的情况和工程特点，建立监理内部定期或不定期的学习培训制度，要求各监理人员做好记录。

1. 培训班及交底工作由总监理工程师主持，各级监理人员参加。

2. 学习规范、图纸等，尤其要学习铁路文件、规范等。

3. 学习监理工作内容、程序和方法，以及监理的重点、难点及解决措施，新技术、新工艺与好的施工方法。

四、创优工作监理要点

（一）事前控制

1. 积极参与设计图纸会审和设计交底工作

组织各专业监理工程师对设计图纸认真地审图，汇总图纸会审中存在的问题，并提交设计院，在交底时答疑并做相应修改。同时，对设计院的答复进行认真研究，不是照单全收，而是积极表明自己的观点。

2. 认真对施工组织设计和专项施工方案进行审核把关

针对施工组织设计的技术可行性、方案合理性和质量创优保证措施进行全面审查，着重审核其质量保证体系是否健全，创优措施是否具体可行等，丰台站审批施工方案 300 多项，项目监理部提出审核意见 5000 多条，尤其是针对精品工程影响较大的方案，结合规范和图纸提出更加细化的方案意见，例如涉及节能的方案、装修效果的方案、智能化的方案等。

3. 对分包商、主要材料供应商等进行严格审查

重点审查施工单位资质、业绩材料，各专业人员和特种作业人员资格证、上岗证、安全施工许可证以及安全考核合格证书，并督促总包单位对针对分包工程质量的指导检查做好协调配合，对

工程中使用量大和重要的装修材料，会同建设单位、施工单位对生产厂家成品加工场地进行实地考察。

4. BIM 技术支持

公司 BIM 小组给予项目大力支持，与总包单位 BIM 小组积极对接，全程跟进项目的 BIM 深化工作，并提出合理化建议，促使 BIM 深化工作真正为现场施工服务。

5. 样板引路

工程每一道工序开工前，坚持执行样板引路制度、首件验收制度，尤其是前期大体量的钢筋安装、模板、混凝土及钢结构安装施工，对结构的质量管控保障尤为重要。丰台站站房工程型钢梁、地梁及钢柱等截面尺寸大，进行工艺样板施工就显得尤为重要，将问题在样板施工中暴露出来进行改正。例如地梁箍筋长度过长，无法通过一根钢筋成形，采用分两段制作，利用直螺纹连接的方式，便于制作也便于施工，有利于现场的质量保证。

6. 装饰装修创优工程监理重点和难点

本工程饰面材料种类繁多，施工量大；因此，要求施工单位严格落实样板引路制度，坚持"没样板、不铺开，未交底、不铺开"的原则组织施工，确保装修质量优良。丰台站装饰样板经过国铁集团和客站办小组多轮检查修改，才最终确认装饰效果。

在确认效果样板后，首先是把好装饰材料质量关。工程面层装饰材料由施工单位按照图纸进行选样，提供样板实物，由建设单位、总包单位、监理单位共同确认后，将样品保存在现场封样办公室。材料进场时，将实物与样品对照检查把关。

其次是施工控制线的核检。为了保证墙、地面装饰板材对缝和洁具对缝居中，以及走廊吊顶灯具、烟感、喷淋、风口的对称居中等，监理部会同建设单位、总包单位共同对深化图的布局进行审查，统一意见，予以确认。施工放线后，组织项目监理部监理人员对其平面定位和标高控制线进行严格量测检查，确保无误后才允许施工。

最后是施工过程的监理控制。对重复出现的不合格项的部位，组织项目监理部监理人员认真分析不合格项产生的原因，帮助施工单位进行改正。

7. 安装工程创优监理重点和难点

在监理工作中，除了应严格进行图纸审查、进场设备报验、施工工序控制、功能性试验等常规监理控制，还应侧重视觉效果和细部处理的检查控制。

（二）事中控制

1. 强化监理程序，严格规范化、程序化操作

在现场监理工作中，我们落实两方面的工作：一是按照公司及规范的程序和岗位操作要求，定岗、定人、定责，配齐必要的测量、检测设备。监理人员立足现场第一线，主动进行巡查、抽检、旁站，及时验收，坚持每月一次的监理组内部会议，坚持内、外审检查和每季度的监理部检查，如发现有监理人员不称职，及时教育或处罚、调离，发现监理工作中存在倾向性问题，及时采取措施纠正。二是严格按监理程序规范化运作。坚持监理原则，按国家规范、强制性的行业标准、设计图纸和已批准的施工组织方案实施监理；严格监理程序，各项检查、验收均应在施工单位"三检"的基础上实施，对不自检、不申报、不进行验收、不合格的分包商提出清退出场。

2. 对本工程中使用的建筑材料质量严格把关

监理人员对每批进场材料，都要核对质保资料与实物的符合性、有效性，检查实物的外观质量，保证所有的材料全部达到或高于施工图纸、工程说明、现行国家规范之要求，以及符合政府部门对建筑工程的最新要求；材料进场全部有质保书，对于需要复试的材料，确保复试合格后方可使用，控制源头质量。

3. 严格验收管理，把好创优工程质量验收关

1）严格检验批、隐蔽工程和分部分项工程验收管理，是施工过程质量控制的最后环节。因此，应严格中间验收，严把过程质量关。监理部要求施工单位按工程创优标准，在自检合格的基础上向监理报验；监理工程师对报验部位按照设计图纸和规范要求进行严格检查验收。侧重检查主体结构工程质量，符合优良工程要求再予以签认。

2）严格竣工验收管理，把好竣工验收关。竣工验收前，监理部组织召开了竣工初验的专题会议，作出竣工初验安排，对照验收规范并参照工程的评优标准，逐层逐段进行了全面检查。例如重点检查装修装饰工程外观和安装工程的外观、细部处理质量，严格按工程评优标准组织竣工验收。

4. 加强成品保护的监督检查工作

工程在施工过程中，有些分部分项工程已经完成，如果下道工序对已施工成品不加注意，或不采取妥善的措施加以保护，就会造成既有成品的损伤或破坏，影响工程质量。这样不仅会增加修补工作量，浪费工料，拖延工期，更严重的是有的损伤难以恢复到原样，成为永久性的缺陷。因此，做好成品保护，是确保工程质量，降低工程成本，按期竣工的关键，必须要求施工单位项目部认真做好成品保护工作，尤其是装修面层及设备的保护工作。

丰台站工期紧、任务重，材料品种多，机电设备及智能化设备多、数量大，各专业交叉施工量大，成品保护工作更显得尤为重要，间接影响后期的竣工交付及开通运营。监理严格要求总包单位分区域施工，组织好各工序穿插施工，施工完成后对存在问题及时整改，整改完成后分区域做好保护工作，尤其是避免交叉施工，造成二次破坏。

5. 资料整理收集

严把资料关，做好资料记录。资料管理严格按照相关部门要求抓紧做好资料的收集、整理、归纳，保证不缺项、内容真实、手续齐全，将业主直接分包的施工资料一并归档，并定期复查整理。需要整理的主要资料包括：

1）工程施工验收视频（包括工程验收部位、内容及验收情况说明等）；

2）质评、质保、技术管理资料（按照规定是原件的必须提供原件）；

3）施工资料包括施工过程的检验批、分部、分项等（模板工程、钢筋工程、混凝土工程、主体工程、装饰工程、屋面工程、设备工程等）施工技术资料。

因丰台站工程涉及的分项资料繁多，影像也多，且体量超大，根据丰台站建设单位要求，随着工程的进展，在主体结构完成后，按照中国铁路档案组卷要求，及时推进预立卷组卷工作，并及时完成监理资料的组卷工作，避免影响后期档案的验收和移交。

结语

综上所述，要做好创优监理工作，需要严格按照创优标准，明确职责分工制度，加强项目施工阶段的监理质量控制工作，集思广益，各司其职，打造一支优秀的监理团队，严格监理，争创优质监理工程。

参考文献

[1] 丰台站精品工程施工方案。
[2]《中国铁路总公司关于印发铁路建设项目工程质量创优规划编制指南的通知》（铁总建设〔2015〕262 号）。
[3] 中国铁路总公司京津冀地区客站建设领导小组编制的《京津冀地区精品工程智能客站建设工作方案》。
[4] 精品工程监理实施细则。

地下结构逆作法施工接头处理技术

牛敬玲

上海天佑工程咨询有限公司

摘　要：随着城市建设的快速发展，为了缓解交通压力，创造良好的生活、工作和投资环境，尽量减少施工建设对地面交通和周围环境的干扰与影响，充分利用城市地下空间，逆作法是施工高层建筑多层地下室和其他多层地下结构的有效方法。与传统的深基坑施工方法相比，逆作法具有保护环境、节约社会资源、缩短建设周期等诸多优点，它克服了常规临时支护存在的诸多不足之处，是进行可持续发展的城市地下空间开发和建设节约型社会的有效经济手段。地下结构逆作法施工结构接头处理的好坏对结构受力、防水等影响较大，是逆作法施工的关键环节。

关键词：逆作法；接头处理；地下结构；施工；监测

引言

随着中国城市建设的跨越式发展，高层建筑地下室、大型地下商场、地下停车场、地下车站、地下交通枢纽、地下变电站等工程的建设均面临着深基坑工程施工的问题。

深基坑支护方法很多，而且尚在不断发展之中，每种基坑支护都有各自的适用条件和一定的局限性。因此，对施工方案的选择应慎之又慎，否则一旦出现深基坑支护倒塌事故，不仅对周围环境造成不良影响，还会对生命安全和工程造成重大威胁和损失。

一、逆作法施工

逆作法施工技术的原理是将高层建筑地下结构自上往下逐层施工，即沿建筑物地下室四周施工连续墙或密排桩，作为地下室外墙或基坑的围护结构，同时在建筑物内部有关位置，施工楼层中间支撑桩和柱，作为施工期间于底板封底之前承受上部结构自重和施工荷载的支撑，从而组成逆作的竖向承重体系。然后开挖土方至第一层地下室底面标高，并完成该层的梁板楼面结构，即可作为围护结构刚度很大的内水平支撑，以满足继续往下施工的安全要求。随后逐层向下开挖土方和浇筑各层地下结构，直至底板封底。与此同时，由于地下室顶面结构的完成，也为上部结构施工创造了条件，所以也可以同时逐层向上进行地上结构的施工。如此，地面上下同时进行施工，直至工程结束。

（一）逆作法分类

全逆作法：当逆作地下结构的同时还进行地上结构的施工，则称为全逆作法。

半逆作法：当仅逆作地下结构而并不同步施工地上结构时，则称为半逆作法。

部分逆作法：部分结构采用顺作法，部分采用逆作法的地下施工方法。

分层逆作法：此方法主要是针对四周围护结构采用分层逆作，不是一次整体施工完成。分层逆作四周的围护结构通常采用土钉墙形式。

（二）工艺特点

1. 可使建筑物上部结构的施工和地下基础结构施工平行立体作业，在建筑规模大、上下层次多时，大约可节省1/3工时。

2. 受力良好合理，围护结构变形量小，因而对邻近建筑的影响亦小。

3. 施工可少受暴雨、台风等恶劣气象条件的影响，且土方开挖较少或基本不占总工期。

4. 最大限度利用地下空间，扩大地下室建筑面积。

5. 一层结构平面可作为工作平台，不必另外架设开挖工作平台与内撑，这样大幅度削减了支撑和工作平台等大型临时设施，减少了施工费用。

6. 由于开挖和施工交错进行，逆作结构的自身荷载由立柱直接承担并传递至地基，减少了大开挖时卸载对持力层的影响，降低了基坑内地基回弹量。

7. 逆作法存在的不足，如逆作法支撑位置受地下室层高的限制，无法调整高度，如遇较大层高的地下室，有时须另设临时水平支撑或加大围护墙的断面及配筋。由于挖土是在顶部封闭状态下进行，基坑中还分布有一定数量的中间支承柱和降水用井点管，尚缺乏小型、灵活、高效的小型挖土机械，使挖土的难度增大。

二、地下结构主要接头部位

地下结构逆作法施工时的接头部位主要有：支承桩与柱间的接头、连续墙与连续墙内表面的接头处理、地下连续墙与地下建筑主体结构侧墙的接头（复合式结构）、围护结构与地下建筑主体结构板的接头、地下建筑主体侧墙与上层板的接头、中间柱与地下建筑各层板的接头等。

结构接头对结构受力、防水等影响较大，处理好接头部位是逆作法施工的关键环节。

（一）支承桩柱之间的接头处理

中间支承立柱应锚固在柱基混凝土内。根据目前常采用组合形式可分为 H 型钢柱与钢管桩的连接、钢管柱与灌注桩的连接、H 型钢柱与灌注桩的连接等形式。

1. H 型钢柱与钢管桩的连接

H 型钢柱锚固在钢管桩的混凝土内，

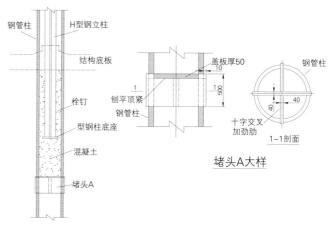

图1 H 型钢柱与钢管桩连接图

在距底板约 4.5m 的钢管桩内设有多功能托座，不但减少了充填混凝土的数量，而且可把中柱荷载传给地基，同时兼作立柱就位时的工人操作平台。钢托座的十字交叉加劲盖板上留有排气孔，用以排除沉桩过程中积聚在管内的压缩空气。设计时 H 型钢柱插入钢管桩内的深度应有一定的余量，保证在钢管桩不能达到设计标高时仍有一定的插入深度。为使柱与混凝土的接触面有足够的局部承压强度，在柱底加焊钢板，钢板上留有供浇筑混凝土用的导管通过缺口；在底板以下的 H 型钢柱上，焊有栓钉，用以增强柱的锚固并减少柱底接触压力（图 1）。

2. 钢管柱与灌注桩的连接

1）桩、柱混凝土的浇筑：桩柱的混凝土浇筑方式与中间立柱的定位方法有关。由于桩基混凝土通常是在泥浆内浇筑的，为了保证其质量，浇筑应连续进行，且混凝土的顶面应超出顶梁底部一定高度，使钢管柱全高度内均为优质混凝土充填。这时，中间立柱的定位必须在地面进行，技术难度较大；当需要人工到柱底定位时，桩、柱混凝土的浇筑须分两次进行。第一次浇筑到距底板底面以下一定距离，凿除顶部浮渣，立柱就位后，再二次浇筑。

2）钢管柱的锚固：为了加强钢管柱在桩内的锚固，应在柱底加焊分布竖向钢筋和环向钢筋。当桩、柱混凝土采用连续浇筑时，由于浇筑混凝土导管须放在钢管内，钢管柱的锚固段与灌注桩孔壁之间的空隙只能靠混凝土浇筑时的重力将其充满，所以锚固段不能太长，通常取 1m。可在钢管柱的锚固段均匀地开设四个椭圆孔，以利于混凝土流动并加强桩、柱之间的连接（图 2、图 3）。

3. H 型钢柱与灌注桩的连接

可采用本节 "1." 的方法进行连接。也可采用与本节 "2." 相似的方法，先进行灌注桩一次混凝土浇筑，然后安装 H 型钢柱，再进行二次混凝土浇筑。一

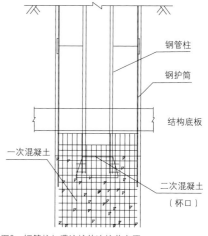

图2 钢管柱与灌注桩的连接节点图

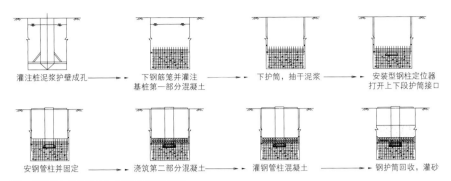

图3 钢管柱与灌注桩的连接施工工艺流程图

筋搭接（或焊接），浇筑混凝土后水平构件与地下连续墙连成一体，并通过墙上预留的凹槽传递竖向剪力。

（四）围护结构与地下建筑主体结构板的接头处理

围护结构与地下建筑主体结构板的接头连接一般有两种形式，一种是通过钢筋搭接（或焊接）；另一种是通过预埋在围护结构内的钢筋连接器（接驳器）与底板水平钢筋连接。接驳器实际为一套管，内腔呈空锥形，一端与连续墙内的锚固筋连接，预埋在墙内，另一端加保护帽后露在预先设置的凹槽内，打开保护帽即能方便地将头部车有锥螺纹的水平筋旋入接驳器内。施工方法及工艺流程如图4所示。

（五）地下建筑主体侧墙与上层板的接头处理

这种接头处理要求在接头处，先浇混凝土和后浇混凝土具有整体性，而且在压缩、张拉、弯曲、剪切等力的传

次混凝土浇筑完成后，可由人工凿杯口，安装定位器，再安装型钢柱。

（二）连续墙与连续墙内表面的接头处理

地下建筑的渗漏水主要集中在地下连续墙接头缝处，以及地下连续墙施工不良造成的混凝土局部疏松蜂窝不密实处。因此，必须对连续墙接头缝与墙身局部不密实混凝土进行堵漏处理。先对连续墙内表面进行全面的浮泥和多余混凝土清凿冲洗，冲洗干净之后对连续墙周围进行全面检查，查找并注明渗漏部位（特别要注明渗漏范围、渗漏严重程度及墙身混凝土疏松、蜂窝不密实沿墙厚方向的深度等）然后采取措施进行处理。

1. 当墙身混凝土疏松蜂窝不密实面积较大，且深度占墙厚的2/3~1/2时，在漏水严重部位的墙外侧进行水泥旋喷桩补强挡土堵水，达到强度后，将疏松蜂窝混凝土凿至混凝土密实处，冲洗干净，再采用高压喷射微膨胀细石混凝土进行修补；如还有渗水现象，可采用化学注浆方法封堵。

2. 当连续墙槽段间接头采用不传递应力的接头（采用半圆弧阴阳槽接头），即连续墙施工采取先施工槽段两端为凹半圆弧形的槽段，后施工槽段两端为凸

半圆弧形的槽段。要防止接头处产生渗漏，在槽段开挖成槽过程中应防止成槽机抓斗或钻头碰坏已施工的相邻槽段凹半圆弧槽口壁混凝土，同时，在槽段置换泥浆清渣时，应采用带钢丝刷壁器具对相邻两槽段的凹半圆弧槽面进行上下来回洗刷三遍以上，清除槽段接头槽面上残留的泥土，使两槽段接头缝处混凝土紧密相连。对接头缝有渗漏水的，采用化学注浆封堵；对个别漏水严重的，可先在接头缝外侧采用水泥旋喷桩进行第一道封堵，之后在墙内采用化学注浆进行第二道封堵。

3. 经全面检查，地下连续墙不再有渗漏现象之后，可将连续墙内侧面槽段接头缝附近两边预埋的竖向铁件采用钢板满焊连接，或将地下连续墙内侧面钢筋保护层凿去，采用与连续墙水平筋同直径短筋两边各单面焊10d连接，以加强连续墙槽段之间整体性，传递部分剪力。

（三）地下连续墙与地下建筑主体结构侧墙的接头（复合式结构）处理

处理好连续墙与连续墙内表面的接头后，如果结构形式设计为复合式，在侧墙施工前，先要凿开地下连续墙钢筋保护层，扳直围护结构内预埋弯起的接头钢筋，绑扎侧墙钢筋时与侧墙水平钢

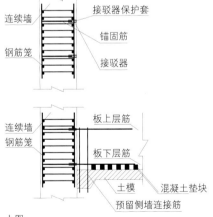

上图：

1. 从连续墙顶通过高程传递，定出板墙相接处的位置。

2. 凿除接驳器处的连续墙保护层混凝土。

下图：

1. 拆除接驳器保护套。

2. 接驳器内孔及板连接筋涂油。

3. 将板连接筋插入接驳器内并用扳手拧紧。

4. 将连接筋与板其他筋焊接在一起，并使焊缝错开。

图4 连续墙与板接头施工方法及工艺流程图（接驳器连接）

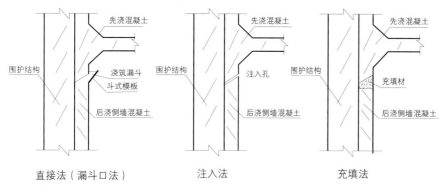

图5 主体侧墙与上层板的接头处理方法

递性能，以及均质性，水密性、气密性等几个方面必须与整体结构具有相同的性质。

接头处理方法分为三种：直接法、注入法、充填法（图5）。

当侧墙与上层楼板接头处的混凝土使用后填法施工时，混凝土浇筑后会因沉降和收缩形成空隙，并在接头表面产生析水或聚集气泡，很容易成为结构和防水缺陷；另外，由于混凝土的流动压力和浇筑速度不足造成填充不良，使得钢立柱的阴角部位及后立模板的接合部位产生较大的混凝土缝隙，也有因后立模板外鼓使混凝土下沉的情况。

从实际施工情况看，充填法使接头的性能最好，其次是注入法，接着是直接法。

1. 直接法

1）直接漏斗浇筑法

将先浇混凝土做成25°~30°坡面，在后浇的模板上部设置高15~20cm的漏斗形浇筑口，当混凝土浇筑至此高度时，依靠浇筑压力和振捣器将混凝土缝隙填充密实，这时混凝土坍落度采用18cm。待漏斗部分混凝土硬化后，将外面多余的混凝土凿去。由于混凝土的硬化会产生下沉，上部产生缝隙，这个方法还必须与注入法合用。

对于柱子，混凝土浇捣口需要有2个以上。立柱采用H型钢柱时，浇筑口设在腹板的两侧。当出现析水和气泡排放出路时，混凝土就会绕不过去，残留出大的空隙。因此，必须在适当的部位设置一些抽气孔。对于混凝土墙，混凝土浇捣口每隔1m设置一处。

即使在后浇混凝土中掺加不析水剂或微膨胀剂等混合材料，改善了接头的性能，但要做到完全无裂缝还是相当困难的，所以与注入法的合用不能省略。

2）再振动法

混凝土浇捣后，约经过30~60min，再从漏斗口插入振动器再次振动，这样，就能使混凝土上部的裂隙显著减少。但是，如此也不能做到完全无裂缝，这个方法也还必须与注入法合用。

有时进行二次再振，但如果时间过长，混凝土会出现离析现象，稠水泥浆集积在接头处是有害的。因此，必须在混凝土结硬前结束振动。

3）套筒浇筑法

在先浇混凝土内部，浇筑接头混凝土之前，从上层板面往下埋入ϕ150的套筒，后浇混凝土就通过这个套筒从上层板面往下浇筑。对于独立柱，一般在柱的对角线方向设两个；对于墙，可每隔1m埋一个。这种方法的浇筑高度比

漏斗法要求高，因此浇筑压力也就更大，混凝土的充填效果就好，而且不需要做漏斗模板拆除后的混凝土修平作业及修平后的处理，施工中只需将振动器插入套筒即可。

因混凝土沉降产生的间隙比漏斗浇筑法还要大6~10mm，所以必须与注入法合用。在先浇混凝土的底部，为了让析出的水或气泡释放出来，必须做成两个方向或四个方向的斜坡，但是因为模板是密闭的，释放水或气的效果不充分，所以需在模板上部开设ϕ13~16mm的抽气孔，而且不能使用再振动法。

这种方法须在上层后浇混凝土的底部留出套管孔（混凝土浇捣孔），不能使用插入式振捣器。

2. 注入法

注入法是通过预先设置的注入孔向缝隙内注入无收缩或微膨胀的水泥浆或环氧树脂，注入通道在先浇混凝土底部的模板上预先安一个注入用的接缝棒，接缝棒选用发泡苯乙烯材料制作，在注浆前用稀释剂将其溶解，这样能确保注入通道畅通，注浆可靠，施工性好。为保证施工缝的良好充填，一般在内衬墙中设V形施工缝，其倾斜角以小于30°为宜。

使用这种方法时必须注意以下几点。

1）缝隙的大小不能太大，3~5mm为好。如过小，压力损伤就大，充填性会降低。

2）注入孔的间距通常以600mm左右为好。当钢柱的断面形状复杂时，为了让注入剂充分渗透，注入孔的设置应使压力损失减小。

3）注入剂的附着力以环氧树脂为好。在水泥浆中加入CSA掺加剂后，在适当的裂隙大小和压力情况下，能得到

接近环氧树脂的强度。

4）注入压力 4~8kg/cm²，这样可使浆液充分浸透，发挥压密脱水的效果。加压速度需与浸透状况相适应。注入前充分湿润混凝土的表面；即使采用水泥浆，如注浆效果好，接缝上即使存在浮浆或气泡，浆液也会很好地填平下部混凝土表面，获得较高的附着力。

3. 充填法

后浇混凝土一旦浇捣完毕，将接缝下方 5~10cm 厚的混凝土浮浆层清除掉，再注入充填材料。

充填材料采用无收缩的水泥（膨胀水泥），但因为其弹性模量稍低于普通混凝土，所以裂隙尽量小一些。有时也留 15~20cm 的缝隙，然后用无收缩混凝土（膨胀混凝土）填充。如能采用灌浆混凝土，则能获得更好的效果。

所谓灌浆混凝土，指在模板内预先填入粗骨料（砂砾），然后再注入特殊水泥浆，从而形成灌浆混凝土。混凝土的干裂收缩全无，但所注入的水泥浆应是流动性大、收缩性小的，不会出现材料分离的现象。

充填的裂缝很容易清洗，充填混凝土部分的高度也小，而且是无收缩性的，所以如果施工得好，能使接缝做到无间隙，接缝的性能最好。先浇混凝土底部平面做成水平的也可以，稍微倾斜一些，充填效果会更好。

（六）中间柱与地下建筑各层梁板的接头处理

一般可在中间柱两侧布置连续双梁，由双梁承受节点弯矩，剪力则由焊接或铆接在中间柱上的牛腿传给立柱。

1. 钢管柱与梁板的连接

通常节点竖向剪力仅通过钢管内壁与混凝土间的黏结力向核心混凝土传递，

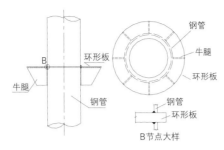

图6　钢管柱与梁板的连接（带环形隔板的牛腿）图

但当剪力很大时，界面的黏结力有时不足以保证剪力的完全传递。

有两种新型节点形式。一种是带环形隔板的牛腿（图6），由环形隔板的局部承压力向核心混凝土传递剪力；另一种节点上下柱采用不同的直径，小直径的上柱直接坐落在大直径的下柱上，借以直接将剪力传给核心。

2. H 型钢柱与梁板的连接

在与楼板结合处的 H 型钢柱上贴焊有传递剪力的牛腿及加劲肋，采用扭剪型高强螺栓将牛腿与立柱连为一体，并通过过穿筋连接（图7）。连接牛腿按要求做好后，将板梁钢筋通过牛腿及钢筋孔群与型钢柱连接。

结语

逆作法是施工高层建筑多层地下室和其他多层地下结构的有效方法，是针对高层建筑物基础和地下车站、商场等地下工程较为先进的施工技术方法。作

为施工期间承受上部结构自重和施工荷载的支承结构，接头部位的处理显得尤为重要，此处是逆作法施工技术成败的关键。

逆作法施工往往面临施工场地小、周边环境敏感等诸多难点。其施工技术复杂，受周边环境影响大，主要包括地质水文环境、地下管线环境、周边建（构）筑物环境等，从而导致施工风险较高，需要特别注意风险管理。

加强监测管理工作。施工前切实调查施工现场周围环境，制定监测方案，绘制现场平面图，并布置监测测点；施工过程中按既定方案对地面沉降、地面建筑物的沉降、地下管线、围护结构变形、结构受力变形、支撑受力情况、地下水位的变化等进行监控量测，根据监测结果反馈的信息指导现场施工。

参考文献

[1]《建筑地基基础工程施工质量验收标准》GB 50202—2018。
[2]《地下铁道工程施工质量验收标准》GB/T 50299—2018。
[3]《地下防水工程质量验收规范》GB 50208—2011。
[4]《地下工程防水技术规范》GB 50108—2008。
[5]《混凝土结构工程施工质量验收规范》GB 50204—2015。
[6]《组合结构设计规范》JGJ 138—2016。
[7] 廖红建，党发宁. 工程地质与土力学 [M]. 武汉：武汉大学出版社，2014.
[8] 蔡晓明. 深基坑结构施工过程中的监测管理 [M]// 中国建设监理协会. 中国建设监理与咨询15. 北京：中国建筑工业出版社，2017：56—60.

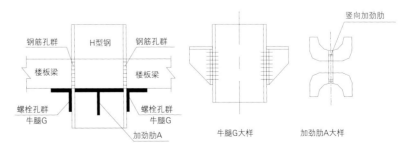

图7　H型钢柱与梁板的连接图

DDC法在湿陷性黄土地基处理中的监理控制要点

秦　健

山西华翔工程项目咨询有限公司

摘　要：湿陷性黄土广泛分布于中国西北、东北、华中和华东部分地区。近年来，随着国家"西部大开发"战略的推进，在广袤的黄土高原上开展了大量的工程建设活动，深厚湿陷性黄土区域被大面积开发利用，而湿陷性黄土地基的湿陷特性，会对结构物带来不同程度的危害。通过本工程监理实践，采用DDC法与素土挤密桩相结合的湿陷性黄土地基处理技术，恰好可以有效解决这一问题，撰写本文为类似工程监理提供指导和借鉴。

关键词：湿陷性黄土；地基处理；工程监理

一、工程概况

本工程为太原铁路运输中级法院审判法庭及太原铁路运输法院审判法庭项目，位于太原市小店区西峰村西侧。结构形式主楼为框架 – 剪力墙结构，裙楼为框架结构。抗震设防烈度为8度，地基湿陷性等级为Ⅳ级。总建筑面积36998.92m²，其中地上9层（裙楼为4层），地下1层，建筑总高度43.6m。本工程 ±0.000相对于绝对标高813.200m，筏板基础底面标高为 –7.8~–7.0m（即805.400~806.200m），地基土主楼采用DDC法桩进行处理，其余部位采用素土挤密桩进行处理。

设计地基处理采用DDC法桩有效桩长15m，成孔桩径400mm，采用重锤夯扩，成桩直径不小于550mm。桩中心距1000mm，排距865mm，呈正三角形布

置，DDC法处理后复合地基承载力特征值 f_{spk} 不小于240kPa，DDC法桩单桩承载力特征值 R_a=100kN，桩身强度不小于5MPa。成桩后，三个桩孔之间土的平均挤密系数不小于0.93，最小挤密系数不小于0.88。孔内分层回填1∶6水泥土，填料平均压实系数不小于0.97。孔内填料土体中有机物含量不应大于5%，且不得含有冻土和膨胀土，含水量应满足最优含水量要求。土料和水泥应拌合均匀，桩孔内填料粒径小于50mm。

素土挤密桩设计有效桩长15m，成孔桩径400mm，采用重锤夯扩，成桩直径不小于550mm。桩中心距1000mm，排距865mm，呈正三角形布置，素土挤密桩地基处理后复合地基承载力特征值 f_{spk} 仍为125kPa。成桩后，三个桩孔之间土的平均挤密系数不小于0.93，最小挤密系数不小于0.88。孔内分层回

填粉质黏土，填料平均压实系数不小于0.97，其中压实系数最小值不应低于0.93。孔内填料土体中有机物含量不应大于5%，且不得含有冻土和膨胀土，渣土垃圾粒径不应超过15mm，使用时应过10~20mm的筛，混合料含水量应满足最优含水量要求，允许偏差应为 ±2%。

二、地基处理方案的选用

湿陷性黄土地基的湿陷特性，会对结构物带来不同程度的危害，使结构物大幅度沉降、开裂、倾斜，甚至严重影响其安全使用。因此，在深厚湿陷性黄土场地上进行建设，一定要根据建筑物的重要性、地基受水浸湿的可能性和在使用期间对不均匀沉降限制的严格程度，采取以地基处理为主的综合措施，防止黄土湿陷对建（构）筑物产生不利影响。

DDC 法工艺简单、经济高效，已在工程实践中得到了较多的应用，由于超厚自重湿陷性黄土其天然含水量偏低，厚度太大，单纯采用强夯处理，强夯加固深度和处理效果会明显降低，因此强夯法施工的前提须确保土体含水量接近于最优含水率。在进行施工建设时必须对地基进行处理以消除黄土的湿陷性，在湿陷性黄土地基的湿陷沉降达到要求后，通过强夯法进一步对地基上层土体进行密实加固，可使地基土体的承载力得到显著提高，以满足上部建筑物的荷载要求。

三、监理要点

（一）事前监理

1. 施工单位必须提供以下资料：施工合同书、资质证书、施工方案、项目经理证、专业工种上岗证、机械设备年检、合格证（复印件），以及原材料检测合格报告。

2. 基础施工前，应将桩顶标高以上松土全部铲除。平整场地，准确定出桩孔位置并进行编号。根据规划红线及控制点，对轴线、标高进行复测，根据设计图线对桩位进行复测。桩位必须编号，不得随便变动。

（二）事中监理

1. 检查桩位放线是否正确；检查桩管上是否有控制深度的标志；检查成孔直径、深度、垂直度是否符合设计要求；检查桩孔内素土回填量和夯实质量。

2. 现场见证取样，对其深度、数量及试验做全过程记录；对桩孔夯填实施旁站监理，做好旁站记录。

3. 桩长及安装顶标高、桩顶标高、桩底标高、隐蔽工程验收必须经监理验收合格签字记录，否则以废桩处理。

4. 强夯重锤对准孔中心，机身要平稳，斜撑要牢靠，提锤高度要足，落距、击数要符合设计工艺。

5. 填料前必须先进行孔底强夯，确保孔底无虚土、孔洞、墓穴、渗井等不良隐患。

6. 每次填料严格按照工艺要求，要打得稳、准，严禁违章打溜锤、空锤。

7. 严格按照《孔内深层强夯法技术规程》CECS 197—2006 进行施工，做到逐桩施工、逐桩验收。

8. 成桩质量用孔内深层强夯后的夯实度控制，每次填料夯击后，平均最大夯实厚度不大于 400mm。

9. 确保桩体的强度及桩间土挤密效果，使处理后的地基承载力、均匀性满足设计要求，消除湿陷性。

10. 当孔底出现软弱土层或积水时，可采取向孔内填入一定数量（数量由现场技术人员根据实际情况确定）建筑垃圾、砖渣和生石灰，经夯实确定软弱土层或积水处理完毕后，再分层填水泥土成桩。

11. 场地自然标高必须一致，误差不得超过 10cm。

12. 严格监控每道工序的质量标准，每天对每台机械施工情况进行检查，签字验收，填写成桩验收记录表。

13. 监理发的联系单、指令单施工单位必须及时解决，对指令单必须及时回复、改正，否则视为抗拒监督，监理有权责令停工或返工。

14. 乙方必须健全质保体系，有项目经理、技术负责人、质检员、安全员及各项管理制度、施工方案，材料及混凝土级配合格，否则不允许开工。

15. 乙方必须排定总进度计划、月度计划及每周进度计划并上墙，报送甲方及监理各一份。

16. 每周一次协调会，乙方在会上汇报一周质量情况、完成进度计划情况需要解决的问题及下周进度计划，由监理作出记录，及时打印分送甲、乙各方，每月同上。

（三）事后监理

所有工程验收表应填写齐全，数据不得弄虚作假。土样应及时送检、及时取回，每天不得少于一组，做好资料归档工作。

（四）有关质量问题

1. 施工单位应建立完善的质检体系，申报验收前须经自检合格，否则监理人员不受理验收。

2. 施工全过程由监理旁站，进行全过程质量跟踪监理。

3. 根据有关规定，须设计、质检站等部门进行检测验收项目，由业主联系、组织、协调，监理予以全力配合。

参考文献

[1] 陈秋平. 湿陷性黄土地基的处理方法 [J]. 四川水泥, 2019 (12)：285.
[2] 侯燕梅、杨卫红. 强夯法在湿陷性黄土地基处理中的应用 [J]. 建材与装饰, 2020 (5)：218-219.
[3] 腊润涛、张荣. 强夯法处理湿陷性黄土地基的效果评价 [J]. 公路, 2020, 65 (1)：54-57.
[4] 李大平. 湿陷性黄土地区海绵城市设计探讨 [J]. 建材技术与应用, 2020 (1)：46-48.
[5] 山西省《湿陷性黄土场地勘察及地基处理技术规范》DBJ04/T 312—2015.

石油化工工艺管道安装工程施工管理中的常见问题研究

王秀勇

山东胜利建设监理股份有限公司

摘　要：化工工业体系建设过程中石化工业作为最重要的组成部分，是支撑我国国民经济建设的主要产业。在此过程中作为支柱产业的石化工业发展类型较为广泛，主要是根据石化工艺的化工工艺管道安装需求，制定科学的施工管理规划，有助于确保石油化工行业的稳定运行。因此，在石油化工工艺管道安装工程施工管理过程中所存在的问题应得到相关部门的高度重视，及时采取行之有效的解决措施，从根本上促进化工行业的稳定发展。

关键词：石油化工；工艺管道；安装管理

一、石油化工工艺管道安装工程的特点

石油化工工艺管道是石油化工生产装置中连接设备、输送物质的重要结构，其安装工序、技术以及安装难度与其他工程中的管道安装有较大差异。因此，需对石油化工工艺管道连接网络进行总体统筹与详细规划，以合理、科学的管道分布与走向方案提高石油化工生产介质或物质的输送效率。同时，对于石油化工生产这类风险性高且有毒有害的作业环境，石油化工工艺管道安装在管道材料选择、管道焊接检测、管道防腐处理等方面均有特殊要求。在管道材料方面，石油化工工艺管道多采用碳素钢管、耐油胶管、奥氏体不锈钢管道等，其适用温度、压力、耐腐蚀性、耐高温性、静压状态、耐久性等均应符合石油化工工艺管道设计标准规范要求，适配石油化工生产工艺以及输送对象特性，以免石油化工生产输送物质或介质与管道产生化学反应而产生管道受损、腐蚀等问题。管道连接处的焊接应严格控制致密性，焊接过程应注意管道杂质残留问题，以免影响输送介质的理化属性或产生管道渗漏事故。石油化工工艺管道安装工程规模大、敷设范围广，应在整个安装过程中密切关注管道连接、管道交叉等关键性节点，以科学的设计与高质量施工提高石油化工工艺管道输送的流畅性与安全性。

二、石油化工工艺管道安装施工常见质量问题

（一）管道安装中的防腐蚀

石油化工工艺管道中输送的介质或物质大多具有一定的腐蚀性，会对管道材料造成腐蚀，导致管道受损甚至出现渗漏问题，影响石油化工工艺管道的运行时间与使用寿命。同时，石油化工工艺管道长期暴露在室外环境中，若管道安装中防腐材料选择不当、防腐工艺操作不当、管道除锈工作不彻底等，均会导致石油化工工艺管道投运后在雨水冲刷、空气中酸性物质的侵蚀下由外到内腐蚀，影响管道防腐层的质量以及防腐成效。

（二）管道安装中的管段问题

管段制作是管道工程安装工序的重要环节，也是管道安装设计方案实践落地的关键步骤。管段制作完成后，工作人员需严格检查其安装质量并填写相关检查报表，在检查表中列明管段制作流程；施工人员对采购到施工现场的管段进行抽检，避免安装后的管段影响石油化工生产的全线管道正常运行。

（三）管道材料管理

石油化工工艺管道涉及诸多管道组成件与支撑件，其中，管道组成件包括管件、法兰、垫片、阀门、过滤器、疏水器、分离器等；管道支撑件包括支架、吊架等。各个部件均有不同的规格、型号、尺寸和材质，需根据管道施工技术标准对管道支撑件与组成件进行优选，以适配管道投运的设计要求。由于石油化工工艺管道材料众多，在材料质量把控与验收管理时容易因管理体制不健全、质量检验环节有疏漏、材料分类贮存不规范、材料标识不合规等问题衍生出管道材料管理漏洞，影响石油化工工艺管道安装工程施工质量。

（四）管道安装中的焊接

管道焊接过程中，杂质的渗入与残留以及焊接致密性不够等均会影响石油化工工艺管道的安装质量，导致管道与输送介质产生理化反应或出现管道输送渗漏等问题。在管道焊接过程中，若未能根据管道材质选择适宜的焊接材料，焊接工艺安全技术实施不到位，管道焊工无相关从业资质，焊接场所的安全防护不足、作业场地布设不到位等均会影响石油化工工艺管道的焊接质量。若管道焊接后未根据要求对焊缝外观与内部进行检查，或者采用内检的无损检测设备，均会导致管道焊缝处理不合格，管道气密性与强度存在质量问题。

三、改善石油化工工艺管道安装工程的措施

（一）强化各环节的质量管控力度

施工单位首先需重视自身管道施工质量及设计问题的监督管理力度，在提交竣工检查之前首先需对管道及设计图纸进行翔实的校对，确保管道施工符合

设计图纸需求，避免出现设计不合理或相关要求不符合等问题。同时，还需对管道进行细致的检验试验，认真记录各项检查的结果并将检查报告一同提交到监督管理部门，为后续监督管理部门的深度检查奠定良好的基础。需要特别注意，在验收单位进行验收时还需对管道质量进行随机抽查，在各项环节均满足需求时方可投入使用。例如，阀门安装经常会出现安装方向错误、垫片等级错误等问题，严重影响了石油化工工艺管道安装工程的质量。

注意与传动设备连接的管道，先组对和焊接设备口法兰，由近及远，防止应力集中到设备口，如果出现偏差可以在下道焊口处调整，对口过程中保证法兰对中，间隙保证一个垫片的厚度，焊接时采取措施，防止管道和法兰变形，焊接完成后，检查法兰对中以及间隙，螺栓是否可以自由穿入，如有热处理要求的管道，热处理后复查法兰对中以及间隙，螺栓是否可以自由穿入螺栓终紧。

针对石油化工工艺管道安装过程中所存在的问题，应制定完善的科学管理规划加强对各方面的监督管控力度，以此提升管道制作安装的整体质量。按照设计图纸要求进行深度审查，在确保通过质量需求标准的基础上开始后续的施工作业。在此过程中应加强管段设计的合理性、科学性，有效确保管道的质量、安全，结合相关报告的内容保证管道的可靠性，及时排除管道可能存在的安全隐患以及其他类型的施工问题，在监控管道质量的基础上加强质量抽查检验工作。在管道验收时需根据设计图纸核对管道，避免出现设计不当引发的操作与运行问题。及时对管道进行必要的检验

测试，将施工的测试结果进行详细记录，以书面报告的形式提交到相应的管道测试部门，由负责验收的管道部门进行严格的控制抽检环节，有效确保检验工作的准确性，以此提升管道环节制作、安装的整体质量，为后续石油化工工艺管道安装工程的顺利进行奠定良好的基础。

（二）泵的入口管道安装

按照安装标准来说，安装高度范围一般不小于EL+100，不大于EL+300，有一些特别的泵还需要根据自身情况来调整。在每个泵出口管道安装准备之前，要对其相关数据进行精准的测量。在施工现场如果遇见一些残留的杂物和废料时，在泵周围的吸入管道切断阀下游部分设置一个过滤器来加以保护，可以作为短暂性的过滤器来使用，也可以作为长期使用。但是要保证安装这个过滤器不可以影响泵自身的运行，因为其入口具有一定限高。泵的试操作是综合检测设备设计、装置生产、设备装配质量的重要环节，其牵涉的专业人士、机构众多，因此应当精心组织、统一领导。

（三）泵的出口管道安装

第一，泵在出口切断阀的设置上不能够使用阻力较大的阀门，例如截止阀，同时更要注意在选用直径数据的过程当中，要选用超过泵嘴自身的直径。另外根据相关材料显示，在泵出口管道安装过程当中可充分连接弯头以外的相关设备。因此如果想对泵出口的压力进行实时监测，可以利用泵出口与第一切断阀之间的管道设置安装对应的数据显示器。

第二，在利用泵出口进行液体输送的过程当中，需要充分观察液体介质的温度，保持介质温度维持在200℃以上。同时如果在使用备用泵的过程当中，由于切换高温液体而发生液体涌入的现象，

很可能会对设备本身造成严重的变形。如果是在这种状态下，可充分采用暖泵线的方式，让停运后的泵也能够充分感受热环境状态。

第三，有小部分液体在经过多重工序下的运输作用以后，其蒸汽压力高于气压数值，或可以在常温下凝固，甚至处于泡点。如果是在此状态下，可利用在泵出口管道处设置平衡线的方式，保障液体在出口时不容易发生气蚀现象。但值得注意的是，如何高效地利用平行线还需要观察液体的气泡运行轨迹，实现液体在泵坡和罐之间的缓慢移动，最终移动到吸入罐的位置。

第四，根据相关资料显示，泵在运转的过程当中会随着其工作流量的变化而变化，也就是说如果在大于泵的限定流量时，那么针对泵出口的管道安装是完全合理的。但同时也要注意，如果仅基于此限度那么在垂直于轴方向的推力就会影响泵出口管道在液体上的运输速度。基于此情况，会进一步影响泵的工作效率，进而导致泵的入口位置液体温度上的升高，甚至会引发气蚀现象。因此为了进一步减缓此类安全隐患的发生，其石油化工企业必须要设定对应的警戒线，确保泵的工作流量能够一直大于泵的限定流量。

（四）管道焊接质量控制

第一，科学选择焊接方式。焊接方法也是决定整体焊接质量的基础，在具体工作当中相关工作人员应明确具体的焊接要求，充分结合实际管道安装情况进行，科学地选择焊接模式，合理地控制工作流程，在具体的操作过程当中应随机应变。根据具体的管道焊接需求来进行，能有效地提升整体焊接效率，降低问题的发生概率和企业的经济损失。

只有采取合理的焊接方式，才能维护整体管道应用的质量。

第二，焊接环境的控制。施焊环境决定着整体的焊接工程质量，一般情况下施焊环境应保持干燥，在适宜的温度下进行，才能形成良好的施工空间来维护内在的质量。风速、温度都会影响焊接质量。管道材料也可能会受外界因素的影响，在焊接过程当中未能达到要求，因此应提前对焊接材料进行预热处理，焊接环境保持干燥，并在焊接电弧的 1m 范围之内湿度需低于 90%，如果施工现场的湿度太大，会造成焊接表面出现水珠，当出现这一现象时应采取有效的措施，进而保障整体焊接质量。

第三，石油化工工艺管道表面气孔和夹渣控制。气孔与夹渣现象会影响整体焊接质量，因此在施工前应对形成气孔和夹渣的原因进行分析，检查焊材与母材的匹配度、焊条是否彻底烘干、有无清理铁锈和油污，施焊时要考虑不洁净的保护气体、过小的气流量、喷嘴被飞溅物部分堵塞等因素，还有工艺因素如电弧电压越高、焊接速度快等。当出现问题时应采取紧急预案进行拯救，如果问题较为严重应重新进行焊接避免后期的安全隐患，保障石油化工工艺管道能够正常运行，否则将会出现毒气泄漏甚至爆炸。

第四，未焊透、未熔合质量控制。管道焊接未熔合多半出现在焊接坡口与焊接缝之间，在具体焊接工作中稍不注意就会出现未熔合现象，为了避免发生这一现象，需要严格地对施工环节进行控制，采取紧急措施进行补救。提升焊材的整体质量，选择高质量的焊材将未焊透、未熔合现象控制在可控范围之内。

第五，裂纹缺陷控制。焊接裂纹作

为危害最大的一类焊接缺陷，严重影响焊接结构的使用性能和安全可靠性。当焊缝出现裂纹时，焊工不得擅自处理，应申报焊接技术负责人查清原因，给出修补措施后才可处理。裂纹的种类也有很多，裂纹产生的原因及防止措施要在施工前做好功课，焊接工艺要交底清楚，施工中焊接后构件要缓慢冷却，使焊缝内的应力松弛，达到减少应力集中的目的，选用合适的焊丝焊机匹配焊接作业，严格清理焊丝和焊接区域烘干焊剂等。

（五）加强施工监检力度

第一，选取合理的监检时机，前置部分监检项目管道设计依据体系多，常常造成设计院混用错用，在报检环节开展设计审查工作。通常焊材的监检工作是在施工作业现场检查，如果这时发现焊材用错，施工完成的焊口只能重新返口，执行难度大。因此，在报检时就要求提供焊接材料的质量证明文件开展审查，可以从根本上控制焊材用错问题，另外从焊接工艺审查入手，如果发现焊接工艺评定焊材用错，也可以有效地避免焊材用错问题。焊接作业人员一览表也要在报检环节审查，可以有效减少随意雇佣临时焊接人员作业问题。

第二，做好宣传沟通工作。提前做好后续监检项目的宣传工作，优化监检大纲细节，宣传、解释监检大纲关键内容要求，让施工单位施工前明白后续的各项监检工作项目和要求。针对一些可以由建设单位来优化工程质量的方法，积极向建设单位宣传。例如：管件由建设单位采购，或者指定几家供应商，由施工单位采购，避免施工单位低价采购管道元件到货后，严格按照管件标志与提供的材质证明文件对照验收，做好入库记录，避免不合格产品、资料不齐全产品通过验收；需要进行制造监检的管道元件，采购合同没要求，供货后发现该监检的没有监检，容易产生纠纷，这些技术问题同样向建设单位积极宣传，尽量在订货合同中约定，避免纠纷；无损检测公司尽量与建设单位签订协议，可以有效地避免无损检测公司包庇施工单位的工程质量；建设单位应尽可能加大无损检测抽查比例等。

第三，优化监检项目。对管道元件现场抽查时，在监督检验大纲或检验方案中增加壁厚抽查项目，可以有效地避免对壁厚不合格管件的使用。特别是不锈钢管件，建议监管过程中增加测厚抽查环节，从半年来增加壁厚抽查项目后的监检效果看，因壁厚不合格的管件的工程项目，占到了该检验机构管道监检工程项目的6%，效果十分明显，建议推广。对合金材料可增加材料的光谱复验，对高温管件必要时增加金相、硬度的复验。增加的抽检项目还会对相关环节造成震慑作用，有力地保证石油化工工艺管道管件的符合性和监检工作的有效性。

结语

石油化工工艺管道安装是石油化工生产装置的基础，在安装施工前应做好设计优化、图纸审核、设计交底等工作，并选择适当的管道材料、施工工艺，以施工人员为抓手落实机管道材料管理、管道焊接、门阀安装、防腐处理等环节的精细化质量管理与细节化质量控制。在管道安装完成后需进行质量检测，确保管道安装质量以及投运使用的安全性。

参考文献

[1] 钱宇 . 石油化工工艺管道安装质量的控制 [J]. 化学工程与装备，2021 (12)；164–165.

[2] 查龙信 . 石油化工的工艺管线安装要点和质量提升策略 [J]. 化工管理，2021 (35)；151–152.

[3] 朱辉，林士海，孙波，等 . 石油化工工艺管道安装质量控制要点探讨 [J]. 石化技术，2021，28 (11)；177–178.

[4] 何磊，王丹 . 石油化工工程中工艺管道安装标准及施工风险 [J]. 化工设计通讯，2021，47 (11)；9–10.

[5] 谷佳占 . 浅谈海外石油化工项目管道焊接管理 [J]. 山东化工，2021，50 (22)；141–142，145.

[6] 谷经纬 . 浅谈炼油化工工艺管道的施工管理及质量控制 [J]. 中国设备工程，2021 (21)；89–90.

[7] 张吉祥 . 石油化工工艺管道安装质量控制和技术管理 [J]. 中国石油和化工标准与质量，2021，41 (20)；33–34.

[8] 申显明 . 石油化工工程管道安装存在的问题与对策 [J]. 石油化工建设，2021，43 (5)；91–92.

[9] 张金平 . 石油化工工艺管道的安装施工 [J]. 化工工程与装备，2021 (10)；168–169.

武汉·滨江金茂府档案管理

袁彩萍

湖南长顺项目管理有限公司

摘　要：工程档案是反映工程实体最终成果的重要性文件，它贯穿工程建设的全过程，在工程施工、竣工、交工中起着非常重要的作用。工程档案是建设工程的有机组成部分，是工程质量的直接反映，是工程质量控制的关键环节，同时也是提高工程质量的重要手段。监理资料是履行监理合同、实践监理规划的具体表现，是评定监理工作、界定监理责任的原始记录，是真实反映工程过程中的质量、进度、投资、安全控制和合同、信息管理监督以及现场协调工作等工程实施情况的汇总，也是监理工作质量的体现。管理好监理资料，不但是监理工作的需要，更是责任所在。本文通过经验分享，可为提高建设工程中建设、设计、施工、监理等各方面人员的工程档案意识，促进工程档案管理进一步融入工程质量保证体系起到推动作用。

关键词：工程档案；监理资料管理

一、项目概况

（一）工程简介

武汉·滨江金茂府项目由中国金茂控股集团有限公司开发，中建五局第三建设有限公司承建，湖南长顺项目管理有限公司监理。结构形式塔楼为剪力墙结构，地下室及商业楼为框架结构。项目地址位于武汉市汉阳区滨江大道及两湖路交叉口南侧，于2017年8月28日开工，自营产值约5.08亿元，总建筑面积28万 m²，地上1号栋44层，2号栋45层，3号、5号栋30层，6~9号栋53层，10号、12~14号栋为1层商业，11号栋为一层开闭所、垃圾房，15号栋示范区为3层售楼部，地下室2层，局部1层。

（二）团队组成

项目监理部由经验丰富的老总监和一批有梦想、执行力强的中青年专业工程师组成。

二、前端控制

前端控制是档案管理理念的重要内容，加强前端管理，注重事前与事中、事后的联系，可以有效解决重点工程档案管理中存在的诸多问题，对整个工程档案工作也有一定的指导意义。前端控制是资料档案管理的重要手段之一，它关系到整个项目开工后期的正常运转、验收、备案，前端控制主要体现为单位分部分项工程划分、人员管理、交底管理、信息网络管理、交流学习。

（一）单位分部分项工程划分：工程施工过程中，从项目进场到项目竣工验收及工程决算，有大量的工程资料需要编制、整理，为保证工程资料类目明确、条理清晰，资料的编制整理工作应具有规划性。项目监理部要求施工单位在工程进场时须对设计图纸进行详细的研究，同时根据《建筑工程施工质量验收统一标准》GB 50300—2013等相关规范性文件的划分标准，结合工程特点进行整个工程的单位分部分项工程的划分，制定出《分部分项工程划分表》，同时按照公司《监理服务文件、资料保管及归档清单》，建立好工程资料的框架，

监理服务文件、资料保管及归档清单

序号	文件资料类别	文件资料名称	分类号	档案室	咨询管理部（电子资料）	项目部	保管期限
1	合同文件（a）	监理合同及合同变更文件等	a01			经营管理部	永久
2		监理招投标文件	a02			经营管理部	长期
3		设计合同、施工合同、分包合同、定货合同等	a03		★		长期
4		合同争议、违约报告及处理意见等	a04	★			永久
5	设计文件（b）	施工图纸、设计文件审查记录及意见（R-0801）	b01	★			永久
6		施工图纸会审及设计交底会议纪要	b02	★			
7		设计文件及施工图纸等	b03			★	短期
8		设计变更图纸、工程变更单等（R-0811）	b04		★		
9	监理文件（c）	监理大纲	c01	★	★	经营管理部	长期
10		监理规划（R-4801）	c02	★	★		长期
11		总监任命书、任务通知书、项目部组织机构表（R-4901~R-4904）	c03	★			短期
12		监理实施细则（R-4802）	c04		★		短期
13		监理日志	c05	★			永久
14		监理月报（R-0804）	c06	★			永久
15		监理服务中与质量、进度、造价、安全有关的会议纪要（R-0808）	c07	★			永久
16		工作联系单（R-0803）	c08	★			永久
17		监理通知单及回复单（R-0802）	c09	★			永久
18		监理报告（R-0809）	c10	★			
19		工程质量评估报告（基础、主体、装饰）（R-0810）	c11		★		长期
20		监理工作总结（竣工）（R-0805）	c12		★		永久
21		**监理业务手册（R-0806）（三份以上原件）**	c13	★电子、纸质资料同时提交		经营管理部	永久
22		收文登记（R-0105）	c14	★			
23		发文登记（R-0106）	c15	★			永久
24	资质文件（d）	施工单位（含分包单位）、供货单位等资质文件	d01			★	短期
25		试验及检测等单位的资质文件	d02			★	短期
26	施工文件（e）	施工组织设计/专项施工方案	e01		★		长期
27		工程开工报审表、施工开工令	f01	★			永久
28	进度控制（f）	年、季、月、周度计划	f02			★	短期
29		工程临时/最终延期报审表	f03	★			永久
30		停、复工审批	f04	★			永久
31		工、料、机动态月报	f05			★	短期

图1　建立工程资料框架

对于整个工程需要编制的资料即可一目了然（图1）。

（二）人员管理：施工单位项目团队的档案意识和资料员的工作经验以及管理能力对于现场资料管理情况将产生重大影响，为避免各单位安排不匹配的人员在资料岗上，要求各单位资料员进场前须经过甲方、监理共同面试，待面试合格后方可上岗。

（三）交底管理：对分包单位进行进场交底培训，对管理体系进行宣贯，对资料要求进行说明，便于后期管理，提高档案编制水平。对甲方进行反交底，充分利用各公司的管理特点，相互学习、进步。

（四）信息网络管理：在明确各单位资料管理职责后，成立资料管理小组，及时建立项目资料管理信息网络，建立项目资料工作沟通群（微信、QQ），从而快速推动现场的资料管理工作。

（五）交流学习：为提高项目部资料员专业与管理水平，应走向市场，积极到其他项目进行对标学习、交流，包括档案室标准化建设、资料管理规范化等，以取长补短。

三、监理档案资料管控

档案管理工作做得如何，是衡量项目监理部工作业绩与管理水平的重要尺度，也是提高工作质量和工作效率的必要条件，为进一步促进项目监理部科学发展提供了第一手资料。本项目主要从信息化覆盖、档案室布置、监理档案管控措施与方法、制度宣贯等方面进行档案资料管控。

（一）信息化覆盖

在不断发展的社会经济和日益更新的科学技术下，档案管理工作迎来了创新的空间和机遇，优胜劣汰是社会不断发展的结果，为了处于行业的前端，需要档案管理人员紧跟时代步伐，与时俱进。本项目在资料管理过程中运用二维码技术改变了传统的档案查阅方法，所有档案盒全部采用二维码电子目录覆盖，通过电子化管理，让档案收集、查阅更加便捷，随时扫一扫即可查看卷内目录，

同时也将此技术运用到其他交底等资料中，以便随时了解交底内容。

按照公司规定制作PPT模板，监理部组织参与监理例会、专题会议、工作汇报或工作总结时，以演讲PPT的形式进行，从而提升项目部总体工作水平，在对外工作汇报展示时，形象更上一个台阶。

（二）档案室布置

1.单独设立资料库房，达到"八防"要求，即防盗、防光、防高温、防火、防潮、防尘、防鼠、防虫等（图2）。

2.全部采用铁质档案柜，摆放整齐，做好档案索引及编码。

3.使用专用档案盒，统一大小，标识清楚；文件资料实行预立卷制度，资料按总目录分类存放，统一编码。

4.管理制度、人员职责、责任人等资料动态展示。

5.档案室配备空调、恒温恒湿设备等。

（三）监理档案管控措施与方法

1.公司总部指导、督查巡检：项目开工后，公司总部按照《管理手册》《作业文件汇编》等公司管理体系文件前来进行技术交底和指导，每季度对项目监理部进行服务质量和资料专项检查考核。监理部遵守落实公司档案管理制度的规定和检查提出的指导与建议，从而使档案管理与资料更接近标准化与专业化。

图2　档案室布置

2.自查：监理资料形成后，由项目总监督查，资料员与监理工程师自查资料编制、收集是否及时，旁站记录与监理日志是否对应，监理月报是否全面，监理通知单是否闭合等。

3.互查：监理、甲方、施工单位相互检查，根据制定的检查制度，监理与甲方每月定期对现场总包、分包资料的及时性、全面性、规范性进行检查，以及检查施工单位的施工日志、材料进场、浇灌申请、检验批等资料是否与监理日志、旁站记录等资料保持一致。

4.抽检：由甲方上级公司或第三方评估进行检查，检查的侧重点会根据项目进度情况和部门而有所不同，促进监理不断完善资料的编制与管理。

5.公司信息化监管：公司信息系统平台覆盖了公司所有工程监理项目，实现了网上办公、信息资源共享和在线监管，是提高公司项目整体管理水平和效能的信

息化手段。为保障信息系统的使用效果，在公司主管领导下，质量安全部对项目部的信息系统应用水平和运行情况进行检查考核。考核内容包括：项目基本信息、单位资质及施工方案审查、安全监理、质量控制、进度控制、投资控制、施工合同管理、沟通与汇报等，实时监控项目部的资料管理情况，促使项目部按程序规范及时进行工程档案管理。

（四）制度宣贯

项目部不断对项目监理人员普及档案知识，宣贯档案的重要性及资料编制的要求与注意事项；公司与建设单位开展档案资料管理专项培训，营造全员重视并参与档案管理的氛围（图3）。

四、资料成果及荣誉展示

工程档案是确认工程质量的重要依据之一，高水平工程档案管理可促进提

高工程施工质量和安全生产管理水平。本项目的旁站记录、监理月报被中国金茂集团大力推广；二维码运用、档案室布置、档案管理制度等被金茂区域公司列为其他建设单位、监理单位观摩项目。

进步不是一条笔直的道路，而是螺旋形的路径，不为困难找理由，只为成功想办法，坚信有付出必有回报；在大家的共同努力下，项目部在中国金茂集团总部、区域公司质量评估、区域HSE考核评比和工程质量评比中多次获得第一名及最佳质量奖的荣誉（图4）。

图3　制度宣贯，全员重视档案管理

图4　荣誉展示

用"过程"方法分析监理工作的标准化应用

刘雁程

山西安宇建设监理有限公司

摘　要："过程"方法是认识分析组织活动的一种方法论和分析工具。将工程项目监理服务视为一个"过程"，用"过程"模型对服务过程的各项因素进行理论分析，有助于建立对监理服务标准化的系统性认识。

关键词：过程；投入—产出模型；输入要素；边界；约束条件；输出结果

引言

"过程"，是从组织管理理论中引申出的一个抽象概念，其含义是：利用输入实现预期结果的相互关联或相互影响的一组活动[1]。"过程"方法，就是将"完成某项事情"视作一个或一组"过程"，通过控制起点至终点的过程活动，以实现预期结果。"过程"方法是认识分析组织活动的一种方法论和分析工具。"过程"方法既适用于产品生产过程，也适用于服务提供过程。

工程项目的监理活动是一项服务提供过程，采用"过程"方法对其进行分析，可以更好地认识监理服务过程，从而能够更加准确地采取规范化措施，促进监理工作服务质量的提升，降低监理工作风险。

过程方法具体应用时，可以将整个项目监理服务视为一个"过程"，也可以将监理服务的不同环节进行分解，视为一个个相互联系的"过程"。而分析监理工作的标准化应用，适宜于将整个工程项目监理服务视为一个"过程"，用"过程"模型对服务过程的各项因素进行理论分析，从而建立对监理服务标准化的系统性认识。

一、"过程"模型的建立

将一项工程项目监理服务视为一个"过程"，实际就是建立一个服务活动的投入—产出模型，如图1所示。

图1　投入—产出模型图

采用"过程"方法分析整个项目的监理服务过程，就是分别分析其输入端的输入内容、过程运行的边界和约束条件、输出端的输出结果。通过对工程项目监理服务"过程"模型的分析，有助于对项目监理服务各环节的要素内容有更加清楚的认识，从而在标准化工作实施方面可以做到更加精准。

二、输入要素分析

工程项目监理服务过程的输入端内容要素包括人员、硬件设施、专业软件配备、委托人需求，详见表1。

三、"过程"边界和约束条件

工程项目监理服务过程的边界是由项目特点决定的，项目类型识别是边界定义和服务标准化的前提条件。

工程项目监理服务过程的约束条件与工程项目建设过程（也将此视作一个"过程"）的约束条件基本一致，只是在工作特点方面有其侧重。约束条件清晰

工程项目监理服务过程的输入端内容 表1

	名称	要素内涵	要素特点	标准设置范围
输入要素	人员	监理人员的数量以及人员个体的经验、能力	属竞争性因素。经验、能力不易直接量化衡量，常采用业绩、学历、职业证书等间接因素衡量，人员数量与项目规模与特点相关	除行政许可强制要求外，（协会）团体标准可根据项目规模与特点推荐基本要求，或以案例方式进行引领
	硬件设施	信息联系与记录基本工具，测量或检查工具	属竞争性因素。与项目特点与服务要求相关联	行业协会可推荐满足工程行业类型特点的基本配置要求，或以案例方式进行示例引领
	专业软件配备	信息平台类型的应用软件及专业应用类型的软件	属竞争性因素。与项目特点与服务要求相关联	各类信息化产品发展变化速度很快，很难设置具体标准，委托方可根据项目特点提出一些基本要求
	委托人需求	一般以委托监理合同形式出现	目前大多采用标准合同示范文本，现阶段采用示范文本有助于监理服务活动的标准化	行业协会可根据发展需要，对示范文本的内容进行修订和细化

能促进标准化工作进行有针对性的改进。

（一）"过程"的边界

"过程"的边界类似于系统边界，包括"过程"的定义、可识别的起点和终点。只有明确"过程"的边界，才能对"过程"进行研究分析。

工程项目监理服务过程与工程项目建设过程（含不同的参与方）深度关联。因此，分析监理服务的"过程"边界，需要同时分析工程建设项目的边界。

监理服务过程边界和工程建设项目过程边界的区别与联系 表2

边界要素	监理服务过程边界	工程建设项目过程边界
定义	以项目为对象，根据委托人要求提供监理服务	由项目发起人、时间、地点、功能、规模等基本要素组成
定义内涵	目前监理服务针对的是施工阶段，一般包括施工准备阶段、施工阶段、竣工验收阶段	通常以项目确立为起始[2]，按发展顺序大体分为设计、采购、施工、运行等阶段。施工阶段是监理服务的主要阶段
起点	委托监理合同确定的服务起始日期	不同参与者的项目起始点不同。项目发起者（建设单位）在决策阶段结束后，一般以建设期实施工程设计的起始活动为起点
终点	委托监理合同确定的监理服务终止日期或约定某项建设活动结束为标志	以项目生命周期的结束为终点。对于监理服务，一般以竣工验收为终点，有时也以质量缺陷责任期结束为终点

监理过程约束条件与工程建设项目约束条件的内涵 表3

	要素名称	监理过程约束条件的内涵	工程建设项目约束条件的内涵
约束条件	合同条件	监理服务的质量、安全、进度、投资等目标	项目参建各方的质量、安全、进度、投资等目标
	设计文件	监理工作的主要依据之一	项目建设的主要依据之一
	法规体系	包括涉及项目建设与监理服务的法律、法规、规章	包括涉及项目建设的法律、法规、规章，是各参建方必须遵守的法规体系约束
	行政规范性文件	包括国务院部（委）规范性文件和地方行政主管部门规范性文件	包括国务院部（委）和地方行政主管部门两个层级，是法规体系之外的行政管理要求
	工程技术标准	包括强制性标准和推荐性标准，应尽可能具体识别	设计、施工、监理的工程技术标准在实施侧重点上略有差异
	项目特点	项目监理服务有关针对性内容的主要依据	含项目环境特点、工艺特点、组织特点等

监理服务过程边界和工程建设项目过程边界区别与联系见表2。

（二）"过程"的约束条件

"过程"的约束条件指促使某个"过程"活动完成的内在要求或必须遵从的规则。具体到工程建设项目，包括合同条件、设计文件、法规体系、规范性文件、技术标准、项目特点等。约束条件在边界范围之内发挥作用。工程项目监理过程的约束条件同样与工程建设项目的约束条件相互联系。详见表3。

四、输出成果分析

监理服务过程的输出成果，即监理工作的服务成果，是工程项目监理服务标准化内容的主要部分。具体包括无形成果和有形成果两个方面。

（一）无形成果

表现为委托人或其他评价者对监理人员的行为、形象的综合感觉或印象。对于无形成果的评价，一般以监理人员对工作的投入（态度）深度和委托人对服务的满意性来评判。监理人员的服务投入度和委托人满意度通常以间接方式表现，如表4所示。

（二）有形成果

有形成果是监理服务成果的最重要部分，表现为监理服务过程中产生的各类监理工作成果文件[3]。相较而言，有形成果的成果类型容易识别，基本有成熟的标准体系，但有些成果的深度不易量化衡量。作为"过程"的输出，对于输出成果的要求越清晰明确，服务成果的标准化越容易实现。

有关监理工作有形成果文件类型及特点如表5所示。

无形成果的指标效果　　　　　　表4

表现形式	（间接）评价指标	指标效果
无形成果	服务投入度 ┬ 人员现场出勤率	不一定能体现服务型活动的人员实际投入深度。可设置基本要求，但不宜僵化衡量
	外观专业形象	办公场所布置及人员服饰标志，一般由监理企业自行选择，但进入施工现场的劳动防护用具穿戴应是强制要求
	委托人满意度 ┬ 服务投诉率	公开的投诉可统计，隐秘形式的投诉宜由监理企业关注分析
	满意度评价表	大部分监理企业都设置了此类调查表（有时是因为质量管理体系的检查要求），但效果以形式化成分居多。满意度（调查）评价表的关键指标和评价形式需要进行更深层次的研究，使设置内容更加合理，以便发挥满意度评价的导向引领作用

有形成果的文件类型及特点　　　　　　表5

工作类型	成果类型	成果文件类型	标准化特点
工作策划	具体项目监理工作指导文件（手册）	监理规划、监理实施细则	格式要求根据监理规范易实现标准化，对文件深度的评价指标待探索
检查（实物检验与判断）	施工起始投入要素检查	材料（构配件/设备）报审；起重、运输设备审查；计量器具检查；交桩点位复核；临时用电设施检查	已具备标准化表格样式，易实现标准化要求
	施工过程见证检查	巡视检查；旁站检查；见证取样；试验见证；测量成果审核	
	工程验收检查	隐蔽验收；检验批（分项/分部）验收；专项验收；单位工程验收	
审核（资料审查与表达意见）	方案、计划、资格条件审核	施工组织设计（专项施工方案）审核；图纸会审；细化施工措施（方案）审查；管理人员与特种作业人员资格审查；开工报审；进度计划报审；分包资格报审；质量缺陷整改方案审查	已具备标准化表格样式，易实现标准化要求，但进度审核、结算审核的深度有时与委托人对造价服务的其他委托服务相关
	支付审核	预付款报审；进度支付报审；结算审核	
	认证类审核	设计变更；工程洽商；工程签证；索赔审核	
	合同、方案评审	（新签）合同审核意见；专家（分析）论证会监理意见	
指令	监理通知	监理通知单；监理通知回复单意见	具有标准表格样式，应加强行文用语规范性的示例引导
	监理命令	开工令；暂停令；复工令	
组织协调	监理会议	监理例会纪要；专项组织协调会议纪要	文件要素格式容易实现标准化要求，公文行文规范性应加强引导
	专项工作联系	工作联系单	
工作报告	定期工作（总结）报告	监理月报	文件格式标准容易实现，可增加月报内容中标准范式表格应用，保证文件达到应有深度
	重大事项专门报告	质量（安全）缺陷整改情况报告；安全事故参加调查情况报告	
工程质量评估	质量评估报告	（重要）分部工程质量评估报告；专项工程质量评估报告；单位工程质量评估报告	可增加设置格式规范要求
工作日志记录	监理日志	项目监理日志（需要时，增加独立设置的安全监理日志）	记录内容可增加标准表格范式应用，保证文件达到应有深度及实现规范性记录
其他咨询服务	建议、分析等	无固定文件格式要求，根据具体事项进行处置	案例示范引导

五、服务标准化应用的局限性

服务标准化，受服务活动的成熟度与稳定度制约。通过"过程"模型分析也可得知，对服务过程的组成要素认识越清晰、输出成果要求越明确，标准化活动越容易实现。

监理服务的标准化，在施工阶段的应用已经比较成熟，约束条件的局部变动（如法规体系或技术标准的修订），会带来输出成果的相应微调，但总体成熟度较高，标准化应用会推动监理服务的规范化并降低业务风险。

对于监理服务向全过程咨询服务的转型，则总体成熟度尚未达到稳态，虽然全过程咨询服务的各个阶段（子"过程"）都较为成熟，可以根据需要对各阶段的成果文件进行组合以完成输出要求，但更重要的在于，需要打破原来各阶段的边界壁垒，提供咨询集成融合性价比更高的输出成果，这个目标还有待继续探索。

另外一个客观现实是，监理服务成果同时受监理人员情绪、当时环境状况、绩效压力以及自身技术素养、经验积累等因素的影响，即便有操作规范的基本约束，但对于技能运用、工作动力、智力创意等方面仍无法用标准化的通用表单模式来实现。以人为本、顾客满意必须是服务活动的前提条件。

注释

[1] 本文"过程"的定义源自《质量管理体系 基础和术语》GB/T 19000—2016/ISO 9000:2015 第3.4.1节。
[2] 工程项目的全生命周期分为项目决策阶段，建设阶段和运营阶段。从项目开始策划起，就形成了项目的基本定义。不过决策阶段在理论上存在项目被否定的可能。因此本文将决策完成后确认项目成立作为项目的起点。
[3] 监理工作成果文件以《建设工程监理规范》GB/T 50319—2013 及《建设工程文件归档规范》GB/T 50328—2014（2019年版）为主要依据。

清单式管理在项目监理机构中的有效运用

闫恒斌

中国电建集团贵阳勘测设计研究院有限公司

摘　要：近年来，随着工程建设标准化、精细化水平的提升，对建设产品和服务质量提出了更高的要求。推行清单式管理，使复杂的工作变得简单、模糊的工作变得清晰、繁杂的工作变得顺畅，使项目监理工程师从繁杂的工作中解脱出来，有效提高了企业管理的效率、效能和效果，增强企业在激烈市场竞争中的生存发展能力。

关键词：工作清单；工程监理；有效运用

引言

最初，清单式管理是为配合《ISO9001 中国式质量管理》的实施，由日出东方管理咨询有限公司首创而推出的辅助管理工具。由于工作清单突出了过程提醒、细节提醒等特点，后来慢慢延伸推广至整个项目管理，并渗透项目管理的各个领域，被越来越多的企业及管理层所接受。2018 年，美国哈佛医学院阿图·葛文德编写的《清单革命》在医学领域掀起了一场"清单革命"，并将革命风潮推广到建筑、飞行、金融、行政等与生活息息相关的领域，为我们的大脑搭建起一张"认知防护网"。

通过在多个现场监理机构使用清单式管理的实践总结，推行清单式管理能有效提高监理管理的精细化水平，可以为服务质量升级奠定坚实基础，而且还能提高项目监理机构的工作效率和反应速度，成为现场监理机构开展工作的有力助手。

一、清单式管理的概念

清单式管理是指针对监理项目部某职能机构范围内的管理活动，优化工作流程，建立工作台账，对工作内容进行细化、量化、条理化，形成清晰明确的工作清单，严格按照清单执行、考核、检查、改进的管理制度。通俗讲就是把要做的事情或不准做的事情——罗列出来，列出工作目标、进度节点、时间节点、责任人及相关要求，并考核监督实施。它是一种有效的以结果为导向的"动态式"过程管控手段，是一个完整的 PDCA 管理闭环，是强化责任落实的精细化管理的具体体现，是企业转型升级实现管理方式转变的有效方式。

二、清单式管理的特点

清单式管理对行动具有很强的指导性，较好地克服了现有一般管理方式的抽象化和模糊化弊端所导致的多种困难，在项目管理中得到越来越多的关注和使用。例如项目监理机构中的管理制度清单、权力清单、资产清单、流程清单、试验清单、台账系统等，都是被广泛采用的清单式管理模式。主要特点如下：

1. 具体目标明确。似是而非的说明是与清单式管理不相容的，项目、程序、指令、要求或说明都必须非常具体，任何抽象、模糊、笼统、大而化之，都是不可行的。清单式管理是将工作抓深抓实抓出成效的"牛鼻子"，有效防止抽象化和模糊化带来的人际理解偏差和解释偏差，增强组织内不同部门、不同个体行为的协调性和组织的整体有机性。

2. 简明扼要。依据施工监理合同规定，项目管理工作千头万绪，把各种问题、各个关键环节理清楚，让人一目了然、心中有数，是将项目监理机构工作做得井井有条的前提，也是衡量监理工程师对相关事务的熟悉程度和管理水平的重要标志。清单必须直接切中核心问题要害，以最易于理解的方式把关键点呈现出来。

3. 便于操作。清单具体明确、简明扼要的特点，非常便于操作，实用性强。尤其是对于复杂系统或事务，清单式管理具有无可替代的独特优势。例如现场施工方案的审批制度、监理日志填写规定、监理旁站注意要点等。

4. 可检验性强。清单式管理具有很强的可检验性，对改善组织监管和管理效果起到重要的支撑作用，现场的对标管理就是一种典型的清单式管理。

三、清单式管理的表现形式

1. 台账式。现场管理涉及方方面面，如何理出头绪，首先就要建立各类台账，这是清单式管理的基本功。例如某现场监理机构主要工作清单详见表1。

监理工作主要台账清单　　　　　　　　　表1

序号	类别	监理主要台账名称
1	信息类	收文、发文台账（业主、设计、施工、监理往来文件）
2		内部文件处理台账
3		内部文件资料领取台账
4		监理周报台账
5		工程大事记台账
6	合同类	工程量台账
7		月结算支付台账
8		变更台账
9		索赔台账
10		合同文件处理台账（含施工、监理、业主各单位全过程）
11		物资管理台账（领取、发放）
12		施工单位主要管理人员管理台账
13		物资核销台账
14		大型设施设备管理台账
15	安全类	安全防护用品领用、登记台账
16		事故隐患整改情况台账
17		安全教育台账
18		安全管理依据性材料台账
19		特种作业人员台账
20		安全员台账
21		特种设备台账
22		安全措施费、安全措施补助费台账
23		消防设施、器材配置使用台账
24		安全设施验收台账
25		安全会议台账
26		安全检查台账
27		应急预案演练台账
28		安全资质审查台账
29		危险源辨识、预案管理台账
30		安全月报台账
31		安全文明生产奖励、处罚台账
32	技术类	工程测量台账（重点收方）
33		地质缺陷台账
34		试验送样台账
35		试验检测台账（原材料、半成品、成品、工艺等）
36		工程技术台账（监理审核、技术核定单）
37		设备安装调试方案及原始记录台账
38	进度类	进度管理台账（指令、调整、资源、处罚、报告）
39		施工设备统计台账
40		年、季进度分析报告台账
41		合同履约评价报告
42	质量类	单元工程质量验收、评定台账
43		质量管理台账（指令、整改、处罚、事故、报告）
44		安全监测台账
45		质量月报台账
46		检验、检测、测量设备的鉴定台账
47		分部工程验收台账
48		设备缺陷处理台账
49		顾客满意率调查台账
50	环保类	水保环保台账（指令、整改、处罚、事故、报告）
51		水保环保检查记录台账
52		水保环保设施验收记录台账
53		水保环保检测记录台账

2.检查表式。例如在《监理巡视检查记录清单》上，可以建立整个项目监理机构质量、进度、造价、安全、环保、水保、设备设施类所有项目的检查内容、检查时间、检查标准、整改要求、问题跟踪等。各个岗位上的员工只需要根据清单上列出的部位及内容实施即可，既不会出现遗漏，又可以让每个关键环节都得到有效实施。

3.总结式。总结式在制度规定的描述上，表现为简明扼要地指明问题的关键和核心所在，具体，确切，击中要害。根据监理项目管理规定，对现场监理人员定期或阶段性职责范围内的工作，查缺补漏。如项目部某部门职责有"1、2、3……"，每天上班做的第一件事情是"1、2、3……"；交接工作时须交付的清单"1、2、3……"；工作总结好在哪"1、2、3……"；存在问题"1、2、3……"；改进措施"1、2、3……"。

4.可追溯式。在清单的动态化管理中，对于量化的数字型变动情况进行监督，以跟踪反映实时状态。对于检查类清单，采用习惯的，且简单而高效的打"√"、打"×"法，以跟踪反映工作执行和检查时的状态。对于管理过程中存在的疑问，或需要沟通，或有待于进一步观察的问题，用"※""◎""#""☆"等符号予以标识，以提醒各级管理人员此项工作下一步需要的动作。对于涉及多部门管理清单，或需要输出后进行信息传递的，采用部门（岗位）矩阵图法，以跟踪反映各部门（岗位）工作协调和配合的状况。

四、监理清单的编制要点

（一）监理清单的编制要点

1.清单列出的检查点必须清晰明

监理工作结构分解和责任清单　　　　　　表2

序号	工作内容	责任主体及其责任人				
		工程监理单位	项目监理机构	总监理工程师	专业监理工程师	监理员或见证人员
一	监理工作策划和内部管理					
（一）	**进场准备和项目策划**					
1	确定总监人选	★	☆	△	—	—
2	向总监进行项目交底	★	☆	△	—	—
3	确定项目全周期费用控制计划	★	☆	△		
4	组建项目监理机构	★	☆	▲	△	—
5	配备项目监理设施	★	☆	▲	△	—
（二）	**建章立制和工作计划**					
6	识别有效法律法规清单	—	★	▲	△	—
7	编制监理规划	☆	★	▲	△	—
8	明确组织机构设置方案（组织形式和岗位职责）	☆	★	▲	△	
9	制定"三标一体"管理方案	—	★	▲	△	—
10	建立监理工作和内部管理制度	—	★	▲	△	—
11	建立安全生产规章制度	—	★	▲	△	—
12	编制监理实施细则		★	△	▲	—
13	制定旁站监理方案		★	△	▲	—
14	制定年度质量工作计划		★	▲	△	—
15	制定年度安全工作计划	—	★	▲	△	—
（三）	**人力资源及职业健康管理**					
16	制定年度人员配置计划	☆	★	▲	△	—
17	发布二级部门人事任命通知	—	★	▲	△	—
18	监理人员的廉政管理（签订廉政责任书）	☆	★	▲	△	△
19	监理人员的入职管理（签订合同、工作及安全交底等）	☆	★	▲	△	△
20	监理人员业务培训	—	★	▲	△	△
21	监理人员工作述职和考核	☆	★	▲	△	△
22	建立劳动保护发放记录	☆	★	△	▲	△
23	监理人员考勤管理和休假管理	☆	★	▲	△	△
24	监理人员离职管理	☆	★	▲	△	△
（四）	**车辆管理**					
25	签订驾驶员安全责任书	☆	★	▲	△	—
26	车辆运行记录	☆	★	▲	△	—
27	车辆检查记录	☆	★	▲	△	—
（五）	**设备管理**					
28	提交设备采购计划	☆	★	▲	△	—
29	计量设备率定	☆	★	▲	△	—
（六）	**费用管理**					
30	监理费支付申请	☆	★	▲	△	—
31	监理费发票领用管理	☆	★	▲	△	—
32	监理人员薪酬管理	☆	★	▲	△	—
33	日常费用报销管理	☆	★	▲	△	—
（七）	**监理往来文函和记录管理（仅指工作事项，非单指监理文件归档范围）**					
34	签发设计图纸、设计修改通知	—	★	▲	△	—
35	签署工程变更和技术联系单监理意见	—	★	▲	△	
36	下达有关质量控制通知、指令、函及审核意见	—	★	△	▲	

续表

序号	工作内容	责任主体及其责任人				
		工程监理单位	项目监理机构	总监理工程师	专业监理工程师	监理员或见证人员
37	下达有关安全控制通知、指令、函及审核意见	–	★	△	▲	–
38	下达有关进度控制通知、指令、函及审核意见	–	★	△	▲	–
39	下达有关投资控制通知、指令、函及审核意见	–	★	△	▲	–
40	监理测量平行抽检记录、报告	–	★	△	▲	–
41	监理试验平行抽检记录、报告	–	★	△	▲	–
42	填写旁站记录	–	★	△	△	▲
43	填写监理日记	–	★	△	▲	▲
44	编写监理日志	–	★	△	▲	
45	编写监理月报	☆	★	▲	△	–
46	编写监理备忘录	–	★	▲	△	
47	编写监理阶段（季、年）报告及专题报告	☆	★	▲	△	–
48	建立有关质量控制工作台账	☆	★	△	▲	
49	建立有关安全控制工作台账	☆	★	△	▲	
50	建立有关进度控制工作台账	☆	★	△	▲	
51	建立有关费用及合同管理工作台账	☆	★	△	▲	
（八）	**监理工作评价和审核**					
52	顾客意见回访	☆	★	▲	△	
53	对上级部门工作检查意见的整改回复	☆	★	▲	△	
54	不合格项整改	☆	★	▲	△	
二		施工准备阶段监理工作				
55	组织第一次工地会议	☆	★	▲	△	△
56	检查承包人驻地建设	–	★	▲	△	△
57	熟悉设计文件	–	★	▲	△	△
58	组织设计交底会议	☆	★	▲	△	△
59	审核工程控制点复测和加密成果	–	★	△	▲	△
60	复测工程地面线	–	★	△	▲	△
61	复核清单工程量	–	★	△	▲	△
62	审核工程施工分包	–	★	▲	△	–
63	审核施工占地计划	–	★	△	▲	–
64	审核工程项目划分	☆	★	△	▲	–
65	审核工程质量、安全、环保保证体系文件	☆	★	▲	△	–
66	审核工程保险办理情况	–	★	△	▲	–
67	审核工程担保办理情况	–	★	△	▲	–
68	审查承包人工地试验室	–	★	△	▲	–
69	审批实施性施工组织设计	☆	★	▲	△	–
70	审批专项施工方案	–	★	▲	△	–
71	签署开工预付款支付证书	–	★	▲	△	–
72	审签合同工程开工报审表	–	★	▲	△	–
三		施工阶段的监理工作				
（一）	**工程质量监理**					
73	复核放样施工测量结果	–	★	△	▲	△
74	审批材料供货商资质	–	★	△	▲	–

确，使用者在清单上列出的这些节点上执行检查程序。

2. 选择合适的清单类型。

3. 清单内容不能太长。

4. 清单项目或节点的用语要做到精练、准确，尽量使用所熟悉的专业术语。

5. 清单的版式要简单明了，一目了然。

6. 无论在编制清单的过程中多么用心，多么仔细，清单必须接受实际使用的检验，要经过编制→检验→更新→再检验的过程。

（二）监理工作结构分解和责任清单

根据 WBS 工作分解结构，监理机构将各阶段监理工作进行了层层分解，总共分5个类别（150项），形成工作责任清单，明确责任主体和责任人。在项目监理实施过程中，依据具体情况对工作结构再次进行优化分解（表2）。

五、清单式管理在监理项目中的实践效果

1. 以目标清单引领部署。项目监理部目标清单全年工作一张总表，各职能部门根据总体目标计划进行目标分解，如同工作的指挥旗和指挥棒，使工作的方向、目标、原则更加清晰具体，工作变得灵活简单。

2. 以专题清单破题解难。专题清单（某项重点工作任务单、一季度某项专题工作任务单）的实施，使项目管理发展的瓶颈问题得到有效化解，从根本上保证项目管理目标的实现。

3. 以执行清单强化落实。执行清单（年、月、周重点工作任务单）的实施提升了监理人员的执行力，使员工养成了安排工作不说难、立即干、做细节、有回音的良好工作作风，工作效率和效果

续表

序号	工作内容	责任主体及其责任人				
		工程监理单位	项目监理机构	总监理工程师	专业监理工程师	监理员或见证人员
75	进场构配件、机械设备报审	–	★	△	▲	△
76	检查影响质量的计量设备	–	★	△	▲	△
77	审签混合料配比报审表	–	★	△	▲	–
78	审查新材料等"四新"	–	★	▲	△	–
79	审签分部工程开工报审表	–	★	△	▲	–
80	审签混凝土浇筑报审表	–	★	△	▲	–
81	下达工程暂停令、复工令	–	★	▲	×	–
82	调查承包人暂停工程施工	–	★	▲	△	–
83	审批施工单位提供的图纸	–	★	▲	▲	–
84	审核工艺试验计划和成果	☆	★	△	▲	–
85	旁站监理	–	★	△	△	▲
86	巡视监理	–	★	▲	▲	△
87	平行检验（抽检）	–	★	△	▲	△
88	见证取样检测	–	★	△	▲	▲
89	检验隐蔽工程质量	–	★	▲	▲	△
90	指令进行剥开或无损检测	–	★	▲	▲	△
91	工程质量评定	–	★	▲	▲	–
92	整改工程质量问题	–	★	▲	△	–
93	调查处理工程质量事故	–	★	▲	△	–
94	检查工程照管与成品保护	–	★	▲	△	△
95	开展质量检查评比活动	–	★	▲	△	–
（二）	**工程安全和环水保管理工作**					
96	危险源和环境因素辨识清单	☆	★	▲	△	–
97	不可接受风险清单	☆	★	▲	△	–
98	检查特种设备、人员资质	☆	★	△	▲	–
99	审批危险性较大工程的安全专项施工方案	☆	★	△	▲	–
100	审批施工临时用电方案、临时消防系统	–	★	△	▲	–
101	审批施工安全措施计划、应急预案	–	★	△	▲	–
102	审批环保措施计划	–	★	△	▲	–
103	检查承包人安全生产费用使用计划和台账	–	★	▲	△	–
104	应急预案演练	☆	★	▲	△	–
105	安全、文明施工检查及整改	–	★	▲	△	△
106	环保、水土保持检查及整改	–	★	▲	△	△
107	安全环保事故调查处理	–	★	▲	△	–
108	安全环水保工作考评	☆	★	▲	△	–
109	保护现场发掘的化石文物	–	★	▲	△	△
（三）	**工程进度监理**					
110	审批总体施工进度计划	☆	★	▲	△	–
111	审批阶段施工进度计划	–	★	△	▲	–
112	检查资源投入情况	–	★	△	△	▲
113	检查、统计施工进度计划的执行情况	–	★	△	▲	△
114	审批修订的施工进度计划	–	★	▲	△	–
115	审核施工进度延误事件	–	★	▲	△	–
116	发布进度延误纠偏通知、指令	–	★	△	▲	–

有效提高。

4.以责任清单约束慢作为。责任清单（部门和岗位职责书）的实施，成为约束员工推诿扯皮等"慢作为"的良方，同时还激发员工的积极性、主动性、创造性，做到各司其职，保证部门和项目工作高效运转。

5.以底线清单防止乱作为。底线清单（红线管理）的实施，很大程度上鼓励员工守住讲原则、守规矩、严格执行有关制度的"底线"，鼓励员工在创新创业转型升级的道路上用底线原则来想问题、做工作，防止和约束员工乱作为。

6.以日志清单有序提效。日志清单（工作日志）使工作变得井然有序，工作效率、效果明显提升，工作的快乐指数得到提高。

六、清单式管理与信息化系统的有机结合

信息技术发展日新月异，在很大程度上助力生产建设，通过信息数据整理分析为监理机构管理者提供决策、分析、判断依据。例如 JC 监理项目创建的"监理巡检系统 V1.0"，具有更深、更广、更便捷的平台系统，相关应用极大帮助了监理机构在监理人员行为规范、事件跟踪、信息与文档转换方面的快捷、无疏漏。

JC 监理项目使用的智能安全帽应用系统主要由前端智能安全帽、网络传输模块及智能安全帽应用系统组成。集成有语音对讲模块、摄像头、通信模块和 GPS/ 北斗定位模块、SOS（紧急求救）和无源 RFID 标签模块等功能。通过智能安全帽、配套网络传输、定位设施及大数据管理平台的使用，实现了视频采

续表

序号	工作内容	责任主体及其责任人				
		工程监理单位	项目监理机构	总监理工程师	专业监理工程师	监理员或见证人员
117	组织进度协调会议	–	★	▲	△	–
118	编写进度分析报告	–	★	▲	△	–
119	应对工程提前	☆	★	▲	△	–
（四）	**工程费用监理**					
120	审签工程计量单	–	★	△	▲	△
121	审核变更费用	–	★	▲	△	–
122	审核施工费用索赔	–	★	▲	△	–
123	审核检查日工使用情况	–	★	▲	△	△
124	审核合同价格调整	–	★	▲	△	–
125	审核工程材料、设备预付款的支付及其抵扣	–	★	▲	△	–
126	审核进度款迟付利息	–	★	▲	△	–
127	签署进度付款证书	–	★	▲	△	–
（五）	**合同管理的其他事项**					
128	主持召开监理例会	–	★	▲	△	–
129	主持召开专题会议	–	★	▲	△	–
130	组织约见（邀见）	–	★	▲	△	–
131	调解施工合同争议	–	★	▲	△	–
132	审查合同违约、中止和解除事件	–	★	▲	△	–
133	调查处理不可抗力事件	–	★	▲	△	–
134	调查处理不利物质条件	–	★	▲	△	–
135	核查工人花名册及其工资支付表	–	★	▲	△	–
四	竣（交）工验收阶段的监理工作					
136	审核竣工验收申请	–	★	▲	△	–
137	组织合同工程竣工预验收	–	★	▲	△	–
138	编写工程质量评估报告	☆	★	▲	△	–
139	编写监理工作总结	☆	★	▲	△	–
140	参加工程交工验收	–	★	▲	△	△
141	参加工程竣工验收、会签接收证书（移交证书）	☆	★	▲	△	–
142	签署工程竣工付款证书	–	★	▲	△	–
143	签署质量保留金付款证书	–	★	▲	△	–
五	质量缺陷责任期（保修期）的监理工作					
144	建立缺陷责任期监理机构	★	☆	▲	△	–
145	检查质量缺陷及修复情况	–	★	▲	△	△
146	编写缺陷责任期监理总结	–	★	△	▲	–
147	整理移交监理文件资料	☆	★	▲	△	△
148	参加缺陷工程验收、会签缺陷责任终止证书	☆	★	▲	△	–
149	签署工程最终结清证书	–	★	▲	△	–
150	撤销缺陷监理机构	★	☆	▲	△	–

备注：（1）表格中各标识符号代表含义："★"指责任单位，"☆"指相关单位，"▲"指责任人，"△"指相关人。（2）进场后可根据工作分工对总监理工程师、专业工程师工作职责做进一步细化，总监可将部分工作授权副总监理工程师或总监代表处理，但规范中规定专属于总监的职责不得委托。

集、人员室内室外定位、电子地图显示、电子围栏预警、人员轨迹显示和查询功能、小组组群、语音通话、补充照明、佩戴检测、SOS等功能，更全面地记录了全过程施工监理过程，有效保障了现场监理人员的作业安全，进一步提高了监理工作效率。

结语

清单式管理让我们持续、正确、安全地把事情做好。推行清单式管理，对监理项目组织和各级人员责权利进行明确界定，对管理内容进行精细化管理，能有效促进项目管理水平，提升监理服务质量。清单是一种工具，也是一种生活和工作方式，更是一场深刻的观念变革，理解清单的价值，学习清单的方法，提升效率，确保安全，改变在无声无息中悄然发生，清单让监理项目管理工作更高效。

参考文献

[1] 葛文德.清单革命[M].北京:北京联合出版公司，2012.

[2] 陈玉奇.锦屏水电工程超复杂地下洞室群施工监理[M].北京：中国水利水电出版社，2016.

[3] 刘泗平.水利工程项目管理及监理存在的问题与对策[J].建筑工程技术与设计，2020 (4)：3656.

[4] 闫璐，张永昊，滕凤玲.水利工程监理现场规范化管理面临的困难与策略分析[J].建筑工程技术与设计，2020 (3)：382.

全过程工程咨询实践关键问题初探

李贵峰

山西博星建设工程管理有限公司

摘 要：对于全过程工程咨询来讲，综合性以及系统性属于内在要求，也是当前国际工程咨询的主要做法之一。现阶段，国内已经出台了相关文件以及规定，目的是助力全过程工程咨询能够有效落实，从实施角度来讲主要是外动力的推进，而真正起关键作用的还是个人、企业以及各方组织等实践主体。为了能够提升全过程工程咨询的整体水平，本文将从全过程工程咨询的概念以及典型模式入手，并对解决实践过程中的关键问题进行探讨。

关键词：全过程工程咨询；实践；关键问题

前言

现阶段，我国建设组织模式正处于转型变革时期，而全过程工程咨询属于非常重要的变革内容，也是国家发展改革委、住房和城乡建设部等各个部门正全力推进的主要工作。咨询过程中，要求各个环节、各个专业能够进行深度融合以及协调，重点将管理、技术、资源、组织等进行集成并优化，将有利于发挥预期的价值与效益。

一、全过程工程咨询服务概念与典型模式

（一）概念

全过程工程咨询服务指的是对建设项目全生命周期提供技术、经济、管理、组织等各个环节的工程咨询服务。作为一种创新咨询服务组织实施的模式，要坚持以市场为导向进行全面发展，同时，还

要满足委托方多种需求。基于此，要求全过程工程咨询服务必须在技术、经济、管理、组织等方面具有一定的服务能力，同时，还要求其拥有完善的咨询服务管理体系、风险控制力、工程规模与委托内容相应的资质条件，并具有良好的信誉水平。

（二）典型模式

1. "1+N"模式

从地方服务层面导则规定以及全过程工程咨询试点实践情况来看，"1+N"模式当中的"1"指的是全过程项目管理，属于必选项；"N"包括的是 BIM 咨询、运营维护咨询、监理咨询、造价咨询、招标采购咨询、设计咨询、勘察咨询、投资决策综合性咨询等，但并不仅限于这些方面。

2. "N+X"模式

从服务主体资质角度来看，还有"N+X"模式，"N"具体指的是全过程工程咨询服务单位自身所具备的能力或者是资质，具体包括工程造价咨询、工程监

理、项目管理、工程设计等方面的能力。以"N≥2"为例，具体指的是除了项目管理，服务单位至少要具备造价、监理、设计等这类专业资质或者能力当中的一项；"X"则表示总包单位自身不具有的能力或者是资质。从咨询服务中所要求"X"项来讲，如果总包单位自身不具备相关能力或者是资质，但是可以与具有相关资质的单位组合成为联合体的形式，也可以得到业主同意之后进行分包或者是转托，以及可以由业主实施约定分包、平行发包等方式来实现[1]。

综上所述，无论采用哪一种维度表示方法，从实践来看，全过程工程咨询大部分都是提供包括项目管理在内至少两种咨询服务。

二、全过程工程咨询实践关键问题分析

对于全过程工程咨询来讲，无论通

过哪种形式进行组织，在实践过程中还需要解决以下关键问题，具体如下：

（一）关键且合适的项目负责人

在整个服务体系之中，项目负责人是直接领导者，负责组织、决策以及控制等，具体表现为"项目负责人""大项目经理"以及"总咨询师"，而具体的职责则是：第一，由项目负责人牵头对全过程工程咨询服务的决策机制、工作流程、管理制度以及组织架构等各方面进行制定，尤其需要对完成成果文件模块以及相关表格的编制组织将其落实；第二，对咨询服务的具体规划以及目标进行组织编制，尤其是要对专业咨询服务以及专业分工的实施细则进行核准；第三，对项目部岗位、人员以及职责进行明确，其中专业负责人以及其职责必须清晰；第四，就项目各个专业咨询服务工作进行统筹、协调以及管理，并且需要落实检查以及监督；第五，需要主动积极参与到组织对项目各个阶段的重大决策，对资源使用情况、利益分配以及任务分解等方面进行统筹；第六，对争议解决、风险、安全生产、质量以及进度等方面全面负责，确保能够达成预期管理目标；第七，对承包人与投资人出现争议时进行积极调解。从项目负责人的职责内容来看，其重要性毋庸置疑，可以说是否能够选择到合适的项目负责人，将直接关系到全过程工程咨询项目的成功[2]。

在进行选择的过程中，建议从其掌握核心知识的具体情况来分析，立足全产业链角度，核心知识包括工程法律、工程管理、工程技术等，对这些方面进行综合分析，从而确定项目负责人的资质。以深圳市发布的《全过程工程咨询服务导则》为例，当中对项目负责人提出了比较明确的要求：①应当取得工程建设类注册职业资格，而且具有工程经济类或者是工程类高级职称；同时，还要拥有同类工程的相关经验等；②要具备执业信用记录良好、责任心强、廉洁奉公、守法等条件。该服务导则可以为全过程工程咨询服务的实施提供一定的参考。

（二）提升合同管理力度

合同管理是非常关键的问题之一，因为合同管理是对全过程工程咨询服务进行规范的主要依据，特别是以联合体模式实施，又或者是合法分包、转包实施时，更加需要做好合同管理。全过程工程咨询项目的合同主要有长期柔性合同、信任型合同、可层型合同、监管型合同。对于不同合同来讲，其管理内容以及侧重点也存在差异，但是从整体来讲，应当是在明确全过程工程咨询管理方法以及内容的基础上，严格按照合同内容、项目实施程序的现状等，对合同双方各自责任以及共担风险进行明确。具体来讲，合同管理可以从以下这些方面入手，方可解决全过程工程咨询实践合同方面的问题：

第一，根据单项招采金额、合同类型、项目性质等相关信息，对招标组织方式进行明确；同时，需要对项目合约规划进行系统性梳理。对于合约来讲，初步规划时应当将合同类型确定下来，将项目所涉及的所有合同名称、资信情况、主要资质等列全、列细。在对招采合约进行规划的过程中，建议重点考虑合约界面是否有利于施工与设计统筹协调开展，是否有利于整个项目有序开展。第二，标准合同管理程序通常由项目负责人牵头进行构建。第三，对合同各方的工作流程、工作权限以及工作职责等方面进行明确。第四，对合同中有关安全、质量、造价、工期等事项的管理时限以及管理流程等方面进行明确。第五，积极协助投资人对建设项目合同签订前后进行管理。第六，合同执行过程中难免会出现争议，因此需要明确有关争议的解决机制；同时，建议将其纳入项目负责人的绩效考核体系之中。此外，有学者提出这样的观点，认为全过程工程咨询在实践中，合同管理可以对全过程项目管理服务合同的相关经验进行借鉴，目的是完善全过程工程咨询管理范围、管理权限、管理范围[3]。

（三）重视并加强投资控制管理

从全过程工程咨询模式来讲，无论是"1+N"，还是"N+X"，与传统的项目管理相比，全过程工程咨询单位拥有更多的"抓手"。基于此，全过程工程咨询单位可以对设计、施工、投资等方面进行全面、综合的管控，更为关键的是可以进行多级多板块的联动管理。

从项目前期阶段来讲，需要将策划调研工作落实，建议按照同等标准做相关案例分析，这样才能让估算指标能够有效落实，而这样的调研也更加有依据，能够解决投资控制管理不足的问题。对于设计阶段来讲，需要进行限额设计，对初步设计的概算进行控制，才能对资金使用的实际需求进行综合平衡，最大限度地确保概算不会超过可研；同时，对施工图预算进行控制，不能超过概算。对于工程实施阶段来讲，如果工程出现变更，那么需要对工程变更程序严格执行，建议如果涉及重大子项工程增减、投资额增加等情况，就必须经过核准同意，之后才能实施。当然，有工程变更是不可避免的，那么就需要进行分析，如果有以往的工程经验，建议能够结合相关经验以及项目实际需求，并遵循"项目安全、保障质量、经济实用"的基本原则进行设计变更。此外，还需要落实全过程动态成本管理，可以定期开展对比分析，对成本管理策略进行研究以及制定[4]。

（四）对多专业各阶段的搭接界面以及管理要点进行识别

在确定全过程工程咨询的服务内容以及服务范围之后，各个专业咨询服务的相关职责相对比较明确，即便如此，必须考虑到建设过程其实就是多阶段有序衔接、多专业协同交汇这一过程。从专业咨询的角度来讲，意味着碎片化的"过程成果"将会贯穿整个服务周期，此时服务内容的深度就难以明确。若要实现服务目标，在业务具体开展过程中，对于协调沟通、专业资源整合、阶段资源整合等方面都有比较高的要求，这就意味着需要对多专业多个阶段的搭接界面以及管理要点进行提前、全面地识别。为了解决这个关键问题以及体现本研究的实践意义，这里对某典型市政供水工程全过程工程咨询实践进行总结，进而对多专业各个阶段的搭接界面以及管理要点进行归纳，具体如下：

1. 前期阶段

前期管理重点具体包括梳理方案设计需求、构建任务需求调研与策划、管理策划与组织、构建标准与对标案例分析、概念方案设计招标管理、工程投资与限额设计指标、策划与组织管理、报批报建以及专项咨询评估报告（例如文评、能评、水评、灾评、交评、环评、稳评等，且不局限于这些方面）。

2. 设计阶段

设计阶段的管理重点体现在：①对设计需求进行确定；②对设计任务书进行策划与拟写；③合理管控设计质量、进度，落实限额设计，在必要情况下，需要组织设计优化以及技术方案论证等。在全过程工程咨询的前期策划阶段，一定要对设计需求进行充分关注，对项目投资要求以及后续施工的便捷性进行综合考虑，为项目落地奠定坚实的基础。整体来讲，设计阶段要发挥组织实施的

职责，特别是设计建造标准以及投资等方面应当进行反复推敲，并形成最终的设计文件。拥有精细化的设计，可以为后续施工创造出比较合理的条件，而且可以为运行提供更加经济的方案，将有利于全过程工程咨询有效运行[5]。

3. 施工阶段

施工阶段的管理重点在于成本、施工安全、施工质量、施工计划、施工方案等方面。在全过程工程咨询的支持下，可以提升建设单位、勘察单位、设计单位、供货商等与施工单位的沟通与协调力度，可以促进多方深度融合。

4. 试运行阶段

该阶段的管理重点是对试运行过程以及试运行方案的控制，并对试运行过程中存在的问题进行解决。同时，还要对试运行过程中的经验进行总结，有利于提升全过程工程咨询的质量以及效率。

（五）积极参与参建单位的协调

对于全过程工程咨询模式来讲，全过程工程咨询单位所扮演的角色可以理解为甲方所委托的"大管家"，因此应当完善参与参建单位的协调机制，主动积极组织协调参建单位共同构建项目管理平台，例如，监理单位、设计单位、供应商、各级承包商等，并整合各方面的目标，对项目管理规制进行制定，坚持通过合同规定、协议规定，明确各个参建单位的权利与责任。

通常来讲，协调机制包括内部和外部协调两个方面。内部协调的目的是将管理耗损减少，而外部协调目的就是为项目开展尽量创造一个良好的外部环境。全过程工程咨询实施过程中，应当严格按照项目的实际情况，对协调的重难点进行明确。第一，做好内部协调。具体需要做好信息搜集、整理、分析以及传达等各项工作，对各个参建单位的工作计划完成情况

要定期进行收集、汇总以及上报；同时，工作计划协调会议应当定期或不定期召开，重点分析当前存在的问题，然后征集各方建议制定解决方案，并报给建设单位审批之后再组织实施。第二，做好外部协调。需要对项目筹建办公室内部各个部门以及外界社会资源之间的协调进行重点关注，例如，若项目属于政府投资，那么需要做好与政府、相关职能部门之间的协调关系，力求与其构建起有效、顺畅的沟通机制，如果发现有影响工程实施的因素，应及时与政府部门进行沟通协调[6]。

结语

综上所述，现阶段我国工程建设组织模式处于改革转型的重要时期，而全过程工程咨询属于改革的重要内容，更是各大省市全力推进的内容。本文对全过程工程咨询的概念以及典型模式进行分析，以理论为基础对全过程工程咨询实践过程中关键问题的解决方法进行了分析，以期能够为我国全过程工程咨询的实践提供借鉴。整体而言，全过程工程咨询还处于摸索阶段，建议各地各级相关部门以及各个全过程工程咨询企业，能够对试点的经验、教训进行分析、总结以及宣贯，这样才能促进全过程工程咨询的健康发展。

参考文献

[1] 赵文渲，孟海利．全过程咨询关键环节的风险防控与管理[J]．中国招标，2021（5）：108-110．

[2] 邹建文．全过程工程咨询实现路径探析[J]．招标采购管理，2021（4）：61-64．

[3] 皮德江．全过程工程咨询现状和发展创新趋势分析[J]．中国工程咨询，2021（4）：17-22．

[4] 王小龙．全过程工程咨询理论应用与服务实践研究[J]．黑龙江交通科技，2021，44（3）：240-241．

[5] 武雅宁．全过程工程咨询实施要点分析[J]．大众标准化，2021（4）：16-18．

[6] 邹世超．建设工程全过程的工程咨询管理分析[J]．房地产世界，2021（3）：28-30．

监理企业向全过程咨询转型升级的几点思考

朱培华

山西鲁班工程项目管理有限公司

摘　要：随着社会经济发展，大投资规模的建设项目越来越多，市场竞争加剧，但全过程工程咨询在我国还处于探索阶段，各行各业都面临向高质量转型升级发展的大趋势。在建筑领域的咨询行业，国家提出重点培育全过程工程咨询的概念，作为有30年发展历程的监理行业，未来也面临转型发展的需要。本文介绍了我国全过程工程咨询目前的发展情况，分析了监理企业转型发展所存在的困难；从企业自身探索实践出发，以企业自身为例，提出了实现监理企业向全过程工程咨询转型发展的几点思考，对未来监理企业的转型发展有启发和借鉴意义。

关键词：监理；发展；转型；全过程工程咨询

一、监理企业转型发展全过程咨询服务

全过程咨询是指从建设项目策划、规划、立项、可行性研究、招标投标代理（包括设计、施工、采购等）、勘察设计、工程招标、设备采购、项目管理、工程监理、竣工验收、投产运行、项目后评价的全生命周期的集约化咨询服务，全部或部分业务一并委托给一个全过程咨询企业。

目前监理企业的业务只是在工程监理施工阶段，监理业务的单一化成为限制该行业发展的重要因素，监理作为工程建设的五大主体之一，其作用是为业主服务，随着建筑行业的发展，业主需要更加系统化、多样化的咨询服务，以减轻其工作量。为了更好地满足业主的需求，适应行业发展的需要，监理企业向全流程工程咨询服务转型势在必行。

"三控、两管、一协调、一履职"是监理的核心工程内容，监理行业制度日趋完善，在监理业务方面的上升空间基本达到饱和。

从住房和城乡建设部发布的40家全过程咨询试点企业的名单中不难看出，国家重点引导大型设计、监理等咨询企业积极发展全过程工程咨询服务，作为监理企业，必须去转型，去改革，去适应这个形势。

二、监理企业开展全过程工程咨询服务存在的问题

作为以工程监理为主的监理企业，在向全过程工程咨询的转型发展过程中，存在不足和困难，如何解决和应对需要我们认真考虑，积极面对。在分析问题的过程中，不断提升监理的各项职能，适应全过程咨询的服务。

（一）咨询特点导致监理企业想要深入还需多方位的认识

长期以来，我国工程咨询以专业化咨询服务为主，包括前期咨询、工程设计、招标代理、项目管理、工程监理、造价咨询等咨询业务形态，分别有不同的实施方式、监管体系和资质要求，咨询产业链被划分为明显的若干阶段和条块实施，且分属于不同的建设行政主管部门，造成工程咨询管理条块分割、阶段割裂、协同性不足，使工程咨询服务呈现阶段性、碎片化、单一化的形式。全过程工程咨询就是要打破这种条块分割、碎片化的咨询服务模式，这就要求全过程工程咨询服务主体提供咨询产业链整体服务。然而，传统服务模式下，监理企业主要立足施工阶段的工程监理

工作，侧重项目的质量安全管理，少有参与到项目的设计管理、造价咨询、采购与合同管理等工作中，没有形成工程咨询全产业链的综合性、一体化咨询服务能力。

（二）复合型人才、整合型组织的缺乏

全过程工程咨询是知识密集型的技术服务，对全面具备工程技术、经济、管理和法律专业技术知识的高素质综合性咨询人才需求高，监理企业发展全过程工程咨询必须强化人才队伍建设。

工程监理服务主要是施工阶段的"三控制"，即质量控制、投资控制与进度控制。实际工作中，投资控制也相对较少，更别说整个过程的服务了，比如，前期策划和设计阶段的工作，对整个工程投资影响程度大于75%；比如，设计单位、勘察单位擅长承接设计勘察阶段的服务业务，而综合性咨询企业擅长承接招标投标、施工监理、造价咨询等方面业务，但前期策划立项、可研以及设计、勘察阶段的能力薄弱甚至从未涉及。

这种分割的服务范围造成了人才被人为分割，人才专而不全，一专多能的复合型人才较少。

随着建筑业数字化技术快速发展，大数据、BIM技术、图像识别等数字化技术正在引领工程项目管理和工程咨询走向高效协同的更高层次。监理企业必须借助数字化技术优化工作方式，提升咨询服务能力。

（三）投资环境需要改善

全过程咨询服务费远远高于监理费与其他费用的总和，如果费用过高，可能会导致业主保证自身利润而觉得采取原来的那种各家各类的模式比较好，毕竟业主完成一项工程再做另一项时，需要很长时间去消化。

但随着建筑市场的发展，建筑业投资领域理念、政策对工程咨询业造成了一定影响后，越来越大的投资规模、日渐缩短的建设投资回收期、技术管理难度高的大型或特殊工程的涌现，以及为保证缩短投资回收期取得效益最大化，促使建设市场对项目咨询企业提供综合集约化管理服务提出了迫切要求，全过程咨询服务可以最大限度地满足业主要求，促进建设工程投资环境改善。

（四）权威认证平台的缺乏

现阶段我国对设计、施工、监理等参建方及项目建设的监督管理，主要依靠国家规范标准、行业规章制度，对参建单位及从业人员进行资格审核、认证。但全过程咨询企业的资格认证还没有很好的认证标准。

对于业主而言，委托一家咨询企业进行管理存在一定的风险，这也需要在业主和咨询企业之间建立、信任，权威的资格认证平台对有能力开展全过程咨询服务的企业使业主对其在业务方面有可靠的认识作用。

三、监理企业全过程项目管理咨询服务改革与创新措施

（一）资源整合，优化配置，融合专业，形成体系

全过程工程咨询需要满足业主对项目全过程集成化优质服务的需求；需要提供多专业优质服务和资源，为业主提供整体解决方案的一揽子服务。同时降低项目的投资成本，规避各种风险，使投资项目的价值最大化。这种服务对全程咨询企业有很高的要求，需要多管理专业的高效协调，多专业优质资源的有效结合。根据监理企业的现状，能够顺

利向全过程工程咨询转型的企业屈指可数。只有少数有影响力的企业以强大的综合实力以及丰富的资本和人员在监督企业，可以通过优化重组、并购、资产和资源的分配，逐步形成知识密集型、技术复杂、集约管理的整个过程的工程建设咨询服务企业。

（二）实施人才战略，不断提高员工的综合素质和服务水平

监理企业员工素质和能力水平是实现企业向全过程工程咨询企业转型升级的基本前提。全过程工程咨询企业必须拥有一批技术水平高、职业道德良好的专业团队。这支队伍必须是由技术、管理、沟通、协调、负责、熟悉法律法规的复合型人才组成的。企业人力资源部门应系统实施人才战略，创新和完善人才选拔机制。第一，引进高质量、多学科的人才。第二，制定和实施有效的人才发展计划，注重复合型人才的培养，要求职工熟悉工程技术专业知识，系统学习法律法规、经济、管理、金融等知识，建立知识密集型的技术服务团队。第三，建立激励机制培养现有人才，同时健全人才管理系统，"吸引、培养、保留和聘用合适的人才"，重视引进、培养和管理专业人才，并为他们提供一个良好的工作环境和发展空间。第四，建立完善的培训体系。完善培训体系，从专业技术、职业道德等方面对员工进行培训。第五，建立校企合作机制，开展订单式培训，建设学习型企业。在向全流程工程咨询转型的过程中，加强团队建设，充分调动员工内在潜力，定制化、个性化培训，全面提升，加强考核，双向推广；在勘察设计、造价咨询方面培养专业人才，为实现咨询服务全过程做好准备。建设监理协会高度重视优化人

才发展环境，搭建团队建设平台，持续开展学习型监理组织建设活动，不定期举办理论讲座。除了配合业务指导和组织培训从业人员外，其他监督企业也加入了在线教育的形式。

（三）推进工程管理"四化"建设，努力向工程管理现代化模式转变

新时期建设监理行业的主要特征和标志：一是工程建设组织模式进入全过程工程咨询新阶段；二是项目建设管理进入信息化、网络化、智能化、标准化、大数据、人工智能的新阶段。监理行业的转型升级应以工程建设管理现代化为重点。没有管理的现代化，就不可能实现企业真正的转型升级。①信息管理。通过网络、微信和必要的管理软件，对企业的竞标项目信息，人员登记和变更信息可以随时掌握，为了全面掌握和指导工作，及时在企业内进行监督。②智能管理。逐步应用 BIM 技术、3D 扫描仪、无人机监控、人脸识别仪、深基坑监测仪、安全预警设备等。③网络管理。企业应注重质量安全信息的收集，以及工程数据的记录、传输和共享，并将其应用于分支机构和监理部门的远程管理，使工程咨询的全过程与信息管理紧密结合。④标准化管理。中国建设监理协会正在积极建议有关部门落实监理标准、工程人员编制标准、监理设备配置标准等相应的标准化管理文件。企业还应完

善相应的管理制度，建立健全自身的内部控制措施和标准。

（四）加强企业统筹管理能力建设，提升企业核心竞争力

全过程工程咨询是一种社会进步、市场需求的机制。为实现这一目标，监理企业应不断培养和提高自身的统筹规划和管理能力。某建设工程监理有限公司不断建立和加强自身的业务和管理能力，在产业链中采用"监督＋N"的模式，总结项目管理的经验，成功地进行资本运营，形成了强大的服务能力。从这个角度来看，如果一个企业想转变成一个全过程监督工程咨询企业，必须改善其内部的整体管理能力，包括业务能力、科学和技术应用能力、完整性管理能力，最终获得竞争能力。

四、监理企业转型发展的几点建议

1. 做精主业，让企业各类要素合理向主业集中，坚持监理业务的长足发展。立足监理，在咨询服务内容上进行纵向叠加，从施工监理向前后两端延伸，做精、做专、做尖。

2. 行业联盟，助推政府支持和社会认识形态的转换，关键是试点项目的推进。企业要抓住机会做好试点项目的实施和观摩。借助行业协会、主管部门等，

寻求宏观政策支持的同时各监理企业要抱团取暖，联合发挥最大优势，让市场、让政府真明白、真想做。

3. 加快资源整合，通过企业并购、重组等方式，补齐资质短板；招才引智，不断拓宽人才智库，充实团队建设。在咨询组织结构上进行变革和重整，以现有人员为主，在发展全过程工程咨询业务的过程中，改革组织形式，进入新的发展阶段，积极进行重塑。

4. 坚守科技创新和工匠精神，以科技为核心，加强跨区、跨界、跨行业合作，在竞争中赢得先机。加快产业技术创新，加速科技成果的商业化运用，提升产业整体竞争力；发挥工程人匠心筑梦的工匠精神，持续推进，为行业发展作贡献。

5. 主管行业协会领导借助修订《建筑法》的历史契机，在顶层设计、法治建设上尽快形成有影响力的建议，争取在《建筑法》修订中形成行业影响力。

结语

全过程工程咨询是国家宏观政策的导向，更是行业发展不可阻挡的趋势。虽然目前还未被市场完全了解和接受，相信不久的将来随着市场的逐渐成熟、国家政策的逐渐完善，一定会有美好的前景。

精细化管理助力监理企业信息化发展

乔亚男　石　超

山西协诚建设工程项目管理有限公司

摘　要：本文针对监理企业信息化发展问题，提出了采用目标、流程、制度精细化管理手段和领导参与、宣贯培训等措施促进信息化发展。

关键词：精细化管理；信息化；监理企业

一、监理企业发展信息化的必然性

（一）企业规模扩大后的管理要求

随着企业规模不断扩大，管理项目不断增多，所需的管理数据也会越来越多，单纯依靠企业成立之初的人工抄送汇报管理模式，数据采集统计分析速度慢，管理决策效率低，决策的准确度和时效性也较低，根本上会降低企业的风险防范能力和盈利能力。采取信息化管理手段，引进信息化管理平台，可以实时了解掌控企业目前各项目开展情况和各管理要素的分布情况，可以快速共享到各种数据，为企业迅速决策提供基础，有助于提升企业的管理水平和管理效率。

（二）整个行业 BIM 技术推广发展的管理要求

随着 BIM 技术的推广应用，未来的建设项目都有各自的信息模型可共享，只要打通了 BIM 信息管理平台和企业管理平台，就可以在权限范围内随时获取所需信息，从而降低人工采集传输信息成本，提升企业对项目的监控水平和风险防范能力。

二、目前监理企业信息化发展存在的问题

（一）采购现有平台工具存在的问题

目前市场上已有很多针对监理业务的管理平台，如监理通、总监宝、筑术云等，有些监理单位也引进这些管理平台。但因各个企业管理制度、模式等存在差异，导致使用过程中存在与本企业管理不一致的地方，在执行中出现与期望差异较大，收效不佳的问题。

尽管很多现有的管理平台也有维保服务，在一定限度内也可以根据企业要求对现有的模块进行修改，但是很多企业只是感觉到了不适应，提不出来具有可操作性的修改要求。

（二）开发自有管理平台存在的问题

1. 信息平台功能分析或者功能描述不到位，不能满足管理需求

功能分析是信息平台开发的前提，必须要明确引进平台的目的是什么，各个目标之间怎么排序，各个目标采用何种方式描述，才能让平台开发者更好地理解我们的目的。

不少监理企业引进信息化手段是迫于外界环境压力做出的选择，他们对于引进信息平台是要达到什么目的，也不是非常明确，即使信息化平台开发出来可能也不会很好地起到辅助经营的效果。

2. 流程设计不符合公司管理情况

一些公司在开发自有平台的过程中不能准确提供自己的管理流程给平台开发者，平台开发人员根据常规进行设计，在使用中就存在角色权限设定与现实不

一致的问题，导致平台信息的管理维护职责不清，落实不到位，最终可能有平台与无平台一样，起不到很好的效果。

（三）平台使用过程中出现的问题

从目前对监理资料等管理的要求来看，多数省市还不认可电子资料，如果使用信息平台进行管理，实际上是增加了现场监理人员的工作量。这也就导致现场人员对使用信息平台的热情不高，如果没有配套的激励措施，很可能出现信息收集传递不及时、不准确等问题，最终还会导致信息平台无法发挥作用。

三、采用精细化管理促进企业信息化发展

精细化管理是把企业管理对象量化、细化、标准化的管理方法，涉及企业管理的方方面面，以下从目标管理、流程管理、制度管理等方面用分析策划精细化管理来解决信息化发展中的问题，促进企业信息化发展。

（一）目标精细化管理

一般来说企业会有战略目标和阶段目标，通过阶段目标的实现，一步步实现战略目标。企业在不同的阶段，其阶段目标也不一样。监理企业引进信息化手段的战略目标是想通过信息化来带动企业管理的创新，改进原有企业管理制度或者流程中不合理的地方，最终达到提升管理水平和管理效率，降低运营成本和运营风险的效果。但是从目前来看，多数监理企业引进信息化的主要目的还在于快速获得项目管理数据，降低监管成本和监管风险。下面就快速获得数据信息这个阶段目标进行目标精细化管理策划。

1. 明确目标指标及其要求

首先需要明确我们需要获得哪些必要

的数据信息来达到监控项目状况、降低管理风险的目的。监理企业的良好运营依靠的是所监理的每一个项目的成功管理，既能给建设单位提交满意答卷，同时能保证本企业利益。要达到这个目的，需要从企业管理层面和项目管理层面来保障。从企业管理层面的目标可以描述成随时监控各项目的管理现状，保证监理工作到位，防止牵扯到可能的事故中，另外要关注各项目部的收支情况，尽量减少超支、回款不足、入不敷出等情况；从项目部管理角度就是实现合同约定质量、进度、投资、安全等目标。转化成目标指标就是质量管理情况、安全管理状况、工程进度偏差、监理进度款支付情况、合同履约情况等。

在确定目标指标的具体要求时要结合企业实际情况综合考虑数据获取的难易程度、人员工作量变化和成本变化等情况。快速获得数据信息需要项目部监理人员和企业本部管理人员的共同参与。我们在确定目标指标的时候既要兼顾本部管理人员调取信息的便捷高效，同时也要兼顾项目部人员信息收集录入等工作量的增加，两者之间要相对平衡，才能保证信息化平台的使用推广。

2. 确定负责人和参与人，分解目标，分配职责

根据监理企业管理的一般特点，信息化平台的开发和推广的负责人一般是企业实际领导人，其具有决策权，可以为目标实现提供经济支持。其他部门参与实施策划、检查、纠偏、制定保障措施等工作。

企业项目监管部门辅助企业领导人建立目标指标体系，确定数据获取流程，并定期对信息化平台试运行情况进行评定比较，具体负责目标的跟踪检查和纠偏。人力资源管理部门一是负责分析过

程中任务量的变化，想办法平衡各方工作任务，或者采取其他手段激励大家与公司目标保持一致；二是储备平台管理、运营维护人才；类似信息管理中心的部门负责监管平台开发进展、综合考虑日后平台运营维护的需求，在开发过程中进行流程优化；试点项目部职责是保证及时准确上传资料，及时反馈工作意见；资料信息查阅审核人员要对试用期使用情况进行总结上报，提出整改建议。

（二）流程精细化管理

1. 流程管理中存在的问题

目前监理企业一般都有企业管理制度，对企业管理活动起到规范约束的作用，但是也存在一些问题，诸如流程不全，只有部分流程；有流程子系统，但是没有进行系统优化，流程冗余环节多，导致信息传输和反馈链条变长，很多问题都是事后才能发现，增加了控制的难度；制度管理方面存在有制度不执行或者是执行不到位的问题。

企业推进信息化发展的过程，实际也是流程电子化改造的过程。只有各个子流程之间的数据进行实时联动，才能真正实现状态信息真实和数据信息的准确快速反馈，才能真正起到辅助决策的作用。

2. 流程精细化管理步骤

流程是解决谁来做、怎么做的一个过程。对应于信息化平台开发的设计阶段，解决信息从输入到输出的过程节点设置及权限配置。监理企业进行流程精细化管理，可以按以下步骤进行。

1）业务调查和部门流程清单识别

信息化平台开发前，由各管理部门将自己的业务细分，把流程识别出来，形成部门流程清单。

2）形成企业流程清单

将各部门的流程清单进行整合形成

企业流程清单。

3）企业流程分级

每个流程细分为一项作业，进一步细分为相关联的任务。根据监理企业的性质，可以将企业流程分为管理流程和业务流程两大类。管理流程可以分人力资源管理、行政管理、财务管理、运营管理等，业务流程可以分为现场监理流程、投标作业流程等。人力资源管理向下分级可以分为招聘、录用、调配等流程；现场监理流程再细分可以分为合同交底流程、图纸会审流程、方案审批流程等。总之，就是将企业流程一级一级划分到最小的单元。

4）流程状况分析

流程状况分析是在对流程的目标、需要优先解决的问题、涉及的范围这些问题了解清楚的基础上进行的。目的是找到流程优化的方向。

5）企业流程系统优化

对企业各个流程进行统一整合优化，尽量消除重复活动、消除等待时间，消除不必要的审批协调等，重点要对关键流程节点进行分析优化。

6）制度调整

流程的实施必须有相应的配套制度以明确各岗位的职责、权限，工作任务完成的标准等事项。流程经过优化调整之后，相应的制度也要做调整补充。

7）流程精细化管理

流程精细化管理的目的是持续地改善和优化，流程优化之后，要进行试运行，总结试运行过程中的问题，寻求改进方向，持续改进。

3.信息化发展中流程管理的重点

每个企业的管理流程都很多，在信息化过程中可能都会涉及，但是重点各不相同，一般来说单项业务的管理流程

很好提供，在信息化平台开发过程中也不会构成阻力。真正需要解决的是流程系统中同时涉及多项流程的节点，这个节点就是信息共享的关键点。只有识别到关键点，打通数据共享，减少重复劳动，信息化手段才能更好地应用下去。例如，对于项目进度信息的获取和传递，履约管理部门、技术管理部门、项目管理部门、人力资源管理部门、财务部门可能都需要知道当前项目的进展状况，以判断项目目前有哪些风险管控要点、监理费应该回收到什么程度、需要对现场做哪些支撑工作、项目检查的重点在哪里、需要预备调动哪些人员进出场，以及财务收支预测等，也就是履约管理流程、资料管理流程、财务管理流程、人力资源调派流程、现场进度控制流程、安全管理流程等都需要共享进度信息。这就需要对进度信息的提取、审查、传递流程进行优化，明确采集输入的频次、精度，明确审核把关信息准确性的负责人和操作方式，明确信息传递的路径，明确信息使用反馈路径等，只有这些都明确了，信息化平台开发过程或者使用过程才会比较顺畅，减少返工修改调试。当关键信息能按时准确获取，并及时传输到企业管理者手中时，信息化平台或者手段才真正发挥了降低管控风险、提升管理效益的作用。

（三）制度精细化

制度与流程是相互配合、相辅相成的。流程是解决谁来做、怎么做的一个过程；制度就是将责任划分、工作精度要求、操作步骤、操作频率、如何考核奖惩等明确的一套规定。制度是流程管理的详细说明和操作保障。监理企业信息化平台发展过程如果有详细的制度手册作为辅助，那么不论是开发，还是使用、维护都

会有章可循，不论是谁来接手，只要照章办事就可以很好地完成任务。

四、其他辅助措施

要保证信息化平台的实施应用，除了有目标精细化、流程精细化、制度精细化推进外，还需要一些其他措施：

首先要有领导参与，领导层带头推动。多数企业以主要领导的思想为企业的引导方向，只有领导积极力推的事项才能更好更快地发展，企业信息化发展也是如此。信息化在前期投入比较大，回报比较晚，如果领导不愿投入，不想参与，那企业信息化就会发展不起来。

另外，必须进行理念制度等宣贯，全员统一思想，达成共识，保证各参与人员尤其是现场监理人员充分了解其职责、工作要求等，这样才能更好地推动下去。

结语

监理企业信息化发展是整个行业的趋势，目前已有很多监理企业进行了探索，从中也发现了一些问题。本文主要从促进企业内部信息化平台开发使用的角度进行了讨论，希望监理企业能加强自身管理，夯实内功，在此基础上引进或者开发自己的信息管理平台。

参考文献

[1] 赖跃强，杨君，徐蕾，等.工程建设监理企业信息化管理系统设计与应用[J].长江科学院院报，2016，33（6）：140-144.
[2] 杨晓楠.信息化管理软件在监理企业中的推广及成果分析[J].建设监理，2020（7）：43-45.
[3] 雷凡，郑子生.信息化建设是监理企业提升核心竞争力的一项重要工作[J].建设监理，2016（5）：27-30.
[4] 姚水洪，陈仕萍.现代企业精细化管理实务[M].北京：冶金工业出版社，2013.

基于积分制的监理企业咨询技术工作机制研究

高源辉　　陈邦炜

广东诚誉工程咨询监理有限公司

摘　要：随着众多监理企业向全过程工程咨询企业发展，监理企业如何优化咨询服务组织实施方式，满足委托方多样化咨询服务需求，高效开展咨询技术工作，成了亟须探索的重点。本文在研究监理企业咨询技术工作现状及常用应对机制的基础上，结合基于关键绩效管理的积分制应用探索成果，研究形成了一套组织机构完备、运作机制流畅、积分标准透明、绩效考核机制合理的咨询技术工作积分管理机制，并通过实证分析验证了该机制的有效性，为推动监理企业咨询技术工作高效运作、促进监理企业转型发展全过程工程咨询业务做出了实践意义的探索。

关键词：监理企业；咨询技术工作；积分制；关键绩效管理；全过程工程咨询

2019年，国家发展改革委、住房和城乡建设部联合印发《关于推进全过程工程咨询服务发展的指导意见》，提出："为深化工程领域咨询服务供给侧结构性改革，破解工程咨询市场供需矛盾，必须完善政策措施，创新咨询服务组织实施方式，大力发展以市场需求为导向、满足委托方多样化需求的全过程工程咨询服务模式。"本文正是基于如何创新咨询服务组织实施方式，满足委托方多样化咨询服务需求，提升监理企业专业技术能力展开研究，提出了在咨询技术工作中全面应用关键绩效管理的积分机制，引导和激发各部门、全体技术骨干参与咨询技术工作的积极性，通过关键绩效考核与激励、组织者统筹管理可以快速高质量完成相关技术成果，满足向全过程工程咨询业务发展中出现的咨询技术工作需求量大、专业程度高、质量要求高等需求。

一、监理企业咨询技术工作分析

（一）咨询技术工作来源

监理企业咨询技术工作主要来自含有咨询服务内容的咨询服务合同，特别是当前建设领域全面推动的全过程工程咨询项目，需要提供大量的咨询技术工作。同时随着委托方对监理企业技术服务水平提出的要求越来越高，监理企业还需进一步开展科技创新项目研究、技术积累等技术工作。

（二）咨询技术工作划分

根据《关于推进全过程工程咨询服务发展的指导意见》，结合建设项目的委托方多样化咨询服务需求，监理企业可以参与的全过程工程咨询工作内容包括：

1.项目决策阶段包括但不限于：机会研究、策划咨询、规划咨询、项目建议书、可行性研究、投资估算、方案比选等。

2.勘察设计阶段包括但不限于：初步勘察、方案设计、初步设计、设计概算、详细勘察、设计方案经济比选与优化、施工图设计、施工图预算、BIM及专项设计等。

3. 招标采购阶段包括但不限于：招标策划、市场调查、招标文件（含工程量清单、投标限价）编审、合同条款策划、招标投标过程管理等。

4. 工程施工阶段包括但不限于：工程质量、造价、进度控制，勘察及设计现场配合管理，安全生产管理，工程变更、索赔及合同争议处理，技术咨询，工程文件资料管理，安全文明施工与环境保护管理等。

5. 工程检测阶段包括但不限于：为保障在建工程性能、功能达到设计要求，对工程子系统的功能和性能进行测试。

6. 信息安全等级保护测评阶段包括但不限于：为保障在建工程信息安全，对工程进行安全管理评估、网络安全评估、主机系统安全评估、应用系统安全评估、数据安全评估等。

7. 工程财务审计阶段包括但不限于：对工程建设全过程中的重要事项以及审计人员的专业判断进行记录，提交审计取证资料和审计结果，编制审计工作报告，并对提交的审计成果的真实性、完整性负责。

8. 竣工验收阶段包括但不限于：竣工策划、竣工验收、竣工资料管理、竣工结算、竣工移交、竣工决算、质量缺陷期管理等。

9. 运营维护阶段包括但不限于：项目后评价、运营管理、项目绩效评价、设施管理、资产管理等。

除此之外，监理企业所参与的建设工程如有创优目标要求或企业发展所需，往往还需要专利研发、软件著作权研发、质量管理小组活动、科技进步奖申报、行标/团标标准参编等围绕工程项目开展的技术工作。

因此，我们把咨询技术工作分成了咨询业务技术支持工作、规范标准编写、研究项目、论文发表、技术营销、技术积累等工作（表1）。

二、咨询技术工作管理现状

（一）常用咨询技术工作组织方式

监理企业对咨询技术工作一般采用的组织方式主要有以下几种类型：

1. 公司内部组建专门的咨询项目部，配置一定数量的咨询工程师开展咨询技术工作。该组织方式主要应用于大型或专项的咨询工作，如项目管理咨询、造价咨询、科技创新研发等。

2. 委托外部咨询单位开展咨询技术工作。该组织方式一般适用于专业程度较高、企业无足够专业力量满足工作需要等情况，如BIM咨询等。

3. 临时组织人员参与方式。该组织方式一般适用于咨询技术工作繁多且工作耗时不长、工作持续时间长但单次耗时不长等情况，如咨询服务中的方案评审、工程验收、专项检查等。

4. 多种组织方式组合。本文所介绍的咨询技术工作积分机制主要采用此类

型，既有专门机构对接咨询技术工作，更多的情况下主要为有针对性地抽选技术骨干组建临时咨询团队，开展高质量的咨询技术工作。

（二）常用咨询技术工作考核激励

咨询技术工作目前在监理企业合同业务比例和工作占比仍较低，往往没有纳入主要考核激励机制中。在咨询技术工作管理中往往缺乏考核指标要求，个别专项工作会采用关键绩效KPI考核方法，即在月度、年度或咨询项目结束后考核评价员工在专项咨询技术工作中的绩效表现。咨询技术工作主要在获得专利成果、QC获奖等专项奖项后会予以一定激励，往往缺乏系统性激励机制。

（三）咨询技术工作管理常见问题

无论是咨询技术工作的组织方式，还是其考核激励机制，当前常见的咨询技术工作管理往往存在以下问题：

1. 组织效率低下。因咨询技术工作类型较为复杂，监理企业在组织开展此类工作时其组织方式往往未能充分考虑工作与参与人员的匹配性、工作开展的计划性、工作相关部门机构的协调性等情况，最终导致组织效率较为低下。

2. 员工参与积极性不高。目前监理企业在全过程工程咨询企业转型过程中，

咨询技术工作分类清单　　　　　　　　　　表1

序号	工作分类	工作解释	备注
1	咨询业务技术支持工作	咨询业务合同内需要调动内外部资源提供的技术支持工作	主要为咨询合同工作
2	规范标准编写	参编国家、行业规范标准，团体标准等	
3	研究项目	专利研发、软件著作权研发、质量管理小组活动等技术研究项目	部分为咨询合同工作
4	论文发表	员工技术论文编写发表	
5	技术营销	甲方合同外工作、上级交办的技术工作等	
6	技术积累	项目监理咨询工作中形成的照片、实例、课件等素材收集积累工作	

因其中的咨询技术工作难度较大，对员工的专业素质、精力投入、工作效率等都要求很高，但在现有的组织方式和绩效激励机制下，员工往往缺乏参与的积极性。

3.工作质量难以保证。全过程工程咨询业务委托方的需求较多，监理企业在开展咨询业务中因其经验不足、资源调配能力不高、技术水平未能跟上等原因，往往导致咨询技术工作成果质量参差不齐。

4.未能形成长效机制。全过程工程咨询自2017年首次明确并试点推行以来，监理企业积极探索全过程工程咨询组织管理机制，但因咨询服务类型不一，管理机制往往随着委托方的要求和企业业务发展而调整，未能形成高效、可持续的长效机制。

三、咨询技术工作积分管理机制研究

针对上述咨询技术工作管理中存在的常见问题，我们提出在组织监理企业员工高效开展咨询技术工作上应建立一套基于关键绩效管理的咨询技术工作积分机制，为此我们做出了以下研究和实践。

（一）咨询技术工作积分定义

咨询技术工作积分是指根据员工参与公司内部技术工作、技术营销、技术研究和技术积累等咨询技术工作的贡献程度，从而获取的量化分值，是公司咨询技术工作激励、绩效考核、岗位晋升、专业技术职务聘任的依据之一。

（二）组建咨询技术工作管理组织

为统筹开展内部技术工作、技术营销、技术研究和技术积累等咨询技术工作，确保各项咨询技术工作顺利实施，建立了咨询技术工作管理组织，分为专业技术委员会、专业组、各分公司技术负责人三个结构，如图1所示。

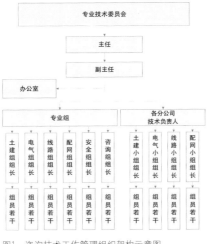

图1 咨询技术工作管理组织架构示意图

专业技术委员会主要承担咨询技术工作积分管理职能，由主任、副主任及委员组成，下设办公室、专业组和各分公司技术负责人及其专业小组。其中，主任由公司领导担任，委员由公司技术专家和专业组组长担任。办公室是专业技术委员会的常设机构，负责公司专业技术委员会的日常管理工作。

（三）咨询技术工作积分管理运作机制

为确保咨询技术工作管理的客观性、公正性和科学性，咨询技术工作管理组织运作机制共分为六个阶段：咨询技术工作任务发布、咨询技术工作任务承接及实施、咨询技术工作成果审查、咨询技术工作积分评议、咨询技术工作积分审定、咨询技术工作积分发布。

1.咨询技术工作任务发布阶段：由专业技术委员会办公室负责收集及整理咨询技术工作任务内容、工作要点、完成时间等咨询技术工作信息，制定标准化咨询技术工作任务发布格式并组织发布。

2.咨询技术工作任务承接及实施阶段：由分公司技术负责人承接咨询技术工作任务后，组织分公司专业小组实施，形成的咨询技术工作成果经专业小组内部审查和分公司技术负责人审查修改后，交至专业组审查。

3.咨询技术工作成果审查阶段：由技术成果对应的专业组负责实施，专业组对技术成果组织审查并经分公司修改完成后，提出成果质量审查意见并与成果一并交至专业技术委员会进行评议。

4.咨询技术工作积分评议阶段：由专业技术委员会组织委员根据咨询技术工作积分标准、分公司的技术工作成果和专业组成果质量审查意见，对该技术工作任务获得的技术积分进行评议，给定相应的咨询技术工作积分。

5.咨询技术工作积分审定阶段：由每季度专业技术委员会主任、副主任共同对专业技术委员会咨询技术工作积分评议结果进行审定。

6.咨询技术工作积分发布阶段：由专业技术委员会办公室根据季度咨询技术工作积分审定结果，组织咨询技术工作积分发布和技术成果收集归档。

综合以上对各个阶段运作相关内容的阐述，咨询技术工作管理组织运作流程如图2所示。

（四）咨询技术工作积分标准机制

1.咨询技术工作积分标准

为充分体现全体员工参加咨询业务技术支持、规范标准编写、技术营销工作、研究项目、专利、技术研究成果、其他技术技能竞赛获奖加分、论文发表、技术积累等咨询技术工作的具体程度，以咨询技术工作积分形式进行量化，咨询技术工作积分根据工作的难易程度、影响力、效益等因素分为A类积分及B

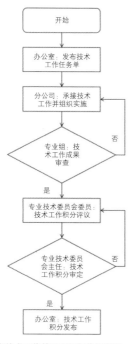

图2 咨询技术工作管理组织运作流程图

A 类积分及 B 类积分划分表（示例） 表2

积分类别	事项	事项等级数量	示例
A 类积分	咨询业务技术支持	2	网公司级及省公司级、地市局级及其他
	规范标准编写	2	国标级、行标、团标、南网企标级
	技术营销工作	3	网公司级、省公司级、地市局级
	研究项目	1	上级公司及以上等级科技研究项目
	专利	3	发明专利、实用新型及软件著作权
	技术研究成果、其他技术技能竞赛获奖加分	3	国家级、省部及网公司级、地市及省公司级
	论文发表	1	核心及以上期刊
B 类积分	公司标准、制度编制	1	公司级
	研究项目	3	公司级职工创新项目、质量控制、技术课题
	技术积累	4	图片、资料实例、培训课件、其他技术文件
	技术研究成果、其他技术技能竞赛获奖加分	1	供电局级
	论文发表	2	非核心期刊及其他途径发表
	提出建设性意见	1	各级文件征求意见稿
其他			非常规咨询技术工作由专业技术委员会评议确定

咨询技术工作积分标准表（示例） 表3

序号	事项	计量单位	事项等级	计算积分条件	积分	积分获得人	积分上报人
一				A 类积分事项			
1	咨询业务技术支持	工口（8个有效工时）	南网级及省公司级	通过评审、验收	5	按参与人员参与度分配	公司任务安排人
			地市局级及其他	通过评审、验收	3		
2	规范标准编写	工日（8个有效工时）	国标级文件编制	通过评审	8	按参与人员参与度分配	公司任务安排人
			行标、团标、南网企标级文件编制	通过评审	5		

类积分两个等级，具体如表2所示。

咨询技术工作积分分级完成后，由事项、计量单位、事项等级、计算积分条件、积分、积分获得人、积分上报人七个维度建立咨询技术工作积分标准。具体标准示例如表3所示。

2. 咨询技术工作积分兑换机制

咨询技术工作积分以个人为对象进行统计，适用于全体员工。为充分考虑公司技术人员的实际技术工作能力，提高员工咨询技术工作参与度，在分公司、员工绩效考核时，A 类积分、B 类积分执行双向兑换机制，兑换比例为1分A类积分兑换10分B类积分。其中，B类积分参与兑换的分值不得超过原始积分的40%。

3. 咨询技术工作积分分配机制

基于监理工作的特点，为解决实际负责咨询技术工作人员参与咨询技术工作后可能出现的本职工作缺位问题，建立了咨询技术工作积分分配机制，即单

项咨询技术工作任务获得的咨询技术工作积分，应由实际负责该项咨询技术工作人员和参与工作补位人员自行分配，以进一步提高公司员工的协助意识，并降低监理履责风险。

（五）关键绩效考核机制

关键绩效考核机制是指将咨询技术工作积分作为关键绩效考核指标纳入员工绩效考核和分公司绩效考核体系，实施激励与考核并行的管理机制。

1. 咨询技术工作激励

A 类积分（非兑换积分）纳入公司季度咨询技术工作激励。专业技术委员会办公室根据每季度由专业技术委员

主任、副主任审定后发布的 A 类咨询技术工作积分统计情况，编制咨询技术工作激励方案，给予专项奖励。

2. 部门、员工咨询技术工作关键绩效考核

A 类积分及 B 类积分作为分公司、员工咨询技术工作绩效考核条件之一，每年第一季度，由专业技术委员会审定下达分公司年度达标咨询技术工作积分分值，并根据专业技术委员会审定的咨询技术工作积分统计表对各分公司开展季度、年度咨询技术工作绩效考核。

员工咨询技术工作绩效考核基于公司岗位等级划分情况设定各岗位达标基

础分值,并由分公司负责实施考核。分公司可根据员工咨询技术工作积分完成情况及分公司年度指标完成情况进行绩效调整,并组织调动员工更大限度地参与咨询技术工作。

3. 员工岗位晋升考核

将员工获得的上年度咨询技术工作积分分值,作为该年度公司岗位任职资格标准及岗位胜任力评价机制晋升的基本条件之一,进一步驱动员工参与公司咨询技术工作。

四、实证分析

为验证咨询技术工作积分管理机制的有效性,该机制在某电网电力监理企业开展了一年的试运行。试运行结果数据如表 4 所示。

从表 4 可以看出,经过一年的试运行,参与咨询技术工作员工数量在公司员工总数下滑的情况下,参与员工占比由 57.14% 上升至 75%,咨询技术工作积分总量由 14501.5 分提高至 30824.5 分,上升比例为 112.56%。以上数据表明,通过实施咨询技术工作积分管理机制,可有效提高公司员工参与咨询技术工作的参与度和咨询技术工作成果的质量水平,为公司营造咨询技术工作氛围提供了坚强的制度支撑。

结语

本文根据电力监理企业开展咨询技术工作存在的问题,基于关键绩效研究了一套适用于提升咨询技术工作参与度和技术成果质量的咨询技术工作积分管理机制,该机制主要由咨询技术工作积分定义、咨询技术工作管理组织架构及运作机制、咨询技术工作积分标准和关键绩效考核机制四个部分组成。通过开展实证分析,证明了咨询技术工作积分管理机制的可操作性和实用性,为电力监理企业营造学技术、懂技术、研究技术的氛围,为提高员工咨询技术工作参与度提供了有效的参考。

参考文献

[1] 张海东. 工程监理企业向全过程咨询企业转型的研究 [J]. 住房与房地产,2019,24 (8):42.

[2] 杨学英. 监理企业发展全过程工程咨询服务的策略研究 [J]. 建筑经济,2018,39 (6):29-32.

[3] 金龙. 全过程工程咨询服务模式的探索 [J]. 上海建设科技,2018,227 (3):119-121.

[4] 王英华,田珅. 促进我国全过程工程咨询服务发展的对策建议 [J]. 山西青年,2018 (20):234.

[5] 王斌. 积分制管理在工程监理企业管理中的应用研究 [J]. 区域治理,2018,(30):88.

[6] 孙李,李建华,陆燕,等. 基于"工作积分制"的绩效考核在班组中的应用探索 [J]. 安徽电气工程职业技术学院学报,2013,(2):56-60.

咨询技术工作积分管理机制试运行数据表　　　　表 4

序号	年度	参与咨询技术工作员工数量 / 人	参与咨询技术工作员工占公司全部员工比例 /%	咨询技术工作积分总量 / 分
1	2019	180	57.14	14501.5
2	2020	216	75	30824.5

创新工作方法提高监理服务水平

张善国[1]　白　晨[1]　张　瑞[1]　梁继东[1]　刘　爽[2]

1.北京帕克国际工程咨询股份有限公司；2.中咨城建设计有限公司

摘　要：对重要材料设备延伸服务，保证重要建材设备的质量和供应；开展设计监理工作，提升建筑品质、节省投资；运用BIM技术、智慧管理平台等手段，节约工期、纠错补漏、控制风险，确保投资意图完美实现。

关键词：材料设备；延伸管理；设计监理；设计优化；建筑品质；BIM技术

北京城市副中心职工周转房六合村项目行政办公地块（C08）行政办公部分及北京城市副中心住房项目，总建筑面积160652.39m²，其中地上建筑面积100280.26m²、地下建筑面积60372.13m²，是北京城市副中心建设的重点工程之一，北京市2021年BIM技术应用示范工程项目。北京帕克国际工程咨询股份有限公司受建设单位委托，组建了C08项目监理部，在建设单位的领导下，通过开展材料设备延伸管理、设计监理优化设计图纸、利用BIM技术对施工全过程进行精细化监理等，工程取得了良好的效果。

一、对重要材料、设备、构配件进行延伸管理

建筑材料（含设备、构配件）是工程建设过程中必不可少的物质基础，建筑材料的性能对整个建筑工程的质量有着决定性影响，直接决定着建筑的品质。延伸建材设备监管范围，保证重要建材设备的质量和供应。

项目监理机构非常重视工程建筑材料的质量控制，对工程中重要的建筑材料严格把控，从源头入手安排到厂家延伸监造管理，根据供货合同，按照国家有关法规、规章、技术标准，对建筑材料制造过程的质量和制造单位的质量体系实施监督。监造工程师负责加工进度的管理，参与审查加工计划；负责进厂原材料的核对工作，核查原材料库存和供应情况；对下料、组装、焊接、除锈、涂装等加工过程进行现场巡视检查，当发现存在质量问题或隐患时，要求加工单位进行整改，必要时报告总监；配合第三方检测的现场见证工作；核查出厂产品的出厂状态（二维码信息、专供标识、发货清单、成品保护），对出厂产品进行签认。

材料、设备、构配件延伸管理采用驻厂、抽查、联合检查等方式。

驻厂是指监理单位对监造品生产主要过程进行现场监造的方式。

抽查是指监理单位对监造品首件验收、首批出厂等环节进行检查及对生产过程进行随机检查的方式。

联合检查是指参建各方根据工程需要组织对监造品生产情况进行监督检查的方式。

项目监理机构编制材料设备监造方案应包含监造内容、监造方式、工作程序、工作要求、施工单位配合要求、监造人员信息、针对该产品的相关要求及廉洁纪律等内容。

C08项目监理部对钢构件、抗震吊架、石材加工、预拌混凝土等重要建材进行了监造延伸管理，有效保证了工程质量。

二、设计监理优化设计图纸，提升建筑品质、节约投资

在建设单位的领导下，公司抽调优势技术力量，组建了C08项目设计监理

机构，通过设计监理工作提升项目品质、节约投资、缩短工期、纠错补漏、控制风险，确保投资意图完美实现。

（一）设计监理工作内容

设计监理的主要工作内容：第一是对设计成果质量进行控制，依据国家和行业的有关规范、规程、法规，减少设计中的错误和遗漏，提高设计质量。第二是对设计工作进度进行控制，督促设计单位按设计合同规定提供有关设计文件和图纸，满足工程进度要求。第三是控制概算投资防止超概。第四是协调业主与设计单位的关系。按照公平、公正、独立、自主的原则，以事实为依据，以法律、法规及设计合同文件为准绳，协调、处理好双方发生的矛盾和纠纷。其中最主要的任务是设计成果质量控制和设计工作进度控制。

设计监理的工作范围一般包括编制设计任务书、初步设计、施工图设计审核几个阶段。设计任务书阶段主要协助业主进行编制。初步设计和施工图设计阶段审核内容：第一是审查设计团队人员配置和管理情况；第二是审查设计文件的编制深度是否和设计阶段相符合；第三是审查建筑功能、结构体系、功能系统等的合理性和适用性，审查各专业间设计文件的一致性，各专业设计图纸表达的正确性、闭合性、可实施性等设计质量通病；第四是审查限额设计的执行情况，审查各阶段设计概算编制的完整性，概算计价的准确性；第五是审查业主方设计管理要求的执行情况；第六是合同约定的其他内容。

（二）设计监理人员组成

设计监理单位应根据设计监理任务成立设计监理管理部，并明确设计监理负责人，配备与工程规模、特点和技术难度相适应的专业设计监理人员。在设计监理实施过程中，分别配备了建筑、结构、暖通空调、给水排水、电气、信息智能化、幕墙、造价及 BIM 专业人员团队。设计监理负责人要求具备高级职称，五年以上设计工作经验，具有一级建筑师、勘察设计工程师或注册监理工程师职业资格。各专业设计监理人员要求三年以上专业设计工作经验，造价专业监理人员应有三年以上造价咨询工作经验和注册造价师职业资格。

（三）工作程序

设计监理负责人应在设计监理实施前组织编写工程设计监理规划，必要时应编制工程设计监理实施细则，并及时上报建设单位审核。

设计单位分阶段提交设计监理单位初步设计和施工图设计阶段设计文件后，设计监理单位应组织各专业设计监理工程师进行审核交流，并在 10 日内提交设计监理审查报告，审查报告包括设计概况、审查依据、审查内容及问题分类及建议、沟通交流初步结果。常规问题及时修改完善图纸，涉及重大问题上报建设单位，由建设单位组织专题会讨论。最终形成完整版设计监理审查报告。

（四）设计监理工作重点

初步设计阶段监理服务内容：①审查图纸；错漏碰缺审核；②对设计各专业图纸的矛盾、建筑功能、结构体系、管线综合等进行审核，并提出书面优化建议；③审核设计概算，提出书面审查意见；④对设计合同履行情况进行审核；对设计文件验收等。

招标阶段主要内容：配合招标人完成全部招标所需的相关技术文件等。

施工图设计阶段主要内容为：①审核施工图审核文件是否符合建筑行业规程、规范和技术标准的要求；②审核施工图审计文件是否符合初步设计要求及上级部门关于初步设计审查审批意见；③对结构形式及结构的合理性、施工及使用阶段各部位结构的强度、刚度、稳定性和安全度进行咨询审查并提出建议；④对施工图审计采用的施工方案合理性和可行性进行咨询审查并提出建议；⑤审核设计概算的完整性和计价的准确性。

根据设计审查问题梳理，我们把设计图纸审核问题分为五种类型，分别是设计法规类（Ⅰ）：审查是否满足勘察设计管理条例，是否违反各项法律法规，是否违反规范强条等；设计深度类（Ⅱ）：审查制图标准，设计深度标准，二次深化设计内容的提资、确认及设计深度是否符合设计深度要求；设计交圈类（Ⅲ）：审查全专业图纸交圈情况及基本图面错误；设计优化类（Ⅳ）：审查设计图纸功能的合理性、舒适性、科学性及技术经济性，关注设计中重要的安全、防火、防水等细部构造节点设计问题，审查设计环节对施工安全性及可行性的考虑；其他（Ⅴ）：其他类型问题，需对问题进行具体说明。

（五）设计监理工作成果

经过本工程设计监理对设计文件的审核以及与设计师对接沟通，对设计文件进行了修改完善，事后经过总结，施工图阶段提出 943 条问题，最终得以解决，在节约工程造价、减少施工质量安全隐患、提高设计空间利用率、改善使用功能、提升建筑品质、满足规范要求、查漏补缺及其他多个方面都取得了不错的成效。

1. 节约投资方面。在保证满足规范标准要求和使用功能的情况下，设计监理从结构设计、材料选用等方面提出了优化建议。建议有以下几点：①根据设计监理意见，经设计核算可取消钢结构工程牛腿形式节点能满足结构受力要求；②审核发现基础方案为筏板基础和筏板上覆土，建议调整为地基处理＋抗拔桩基础方案；③地下室外墙大样中挡土墙1～挡土墙5墙体拉筋对于非人防墙或非人防层可由梅花形布置改为矩形双向布置，外墙计算模型一般按上下支撑，比较符合实际，水平筋应为构造钢筋；④电气专业电缆、接地、设备等有优化空间。设计院按照建议进行了优化，节约了投资。

2. 减少质量安全隐患方面。设计监理重点从标准规范的符合性、特殊房间的结构设计、缺项漏项情况等方面提出了意见和建议，设计单位根据意见进行了修改后，既减少了质量安全隐患，也避免了后期拆改。如以下几点建议①项目审查发现首层8+12A+8大玻璃面积大于规范允许的4m²，根据建议优化到4m²以下，既满足了规范要求，也保证了质量安全；②项目审查发现外幕墙层间防火保温棉填塞高度为100mm，不满足规范200mm的要求，建议调整满足规范要求；③首层建筑周边围绕一圈排水沟，排水沟所选成品图集上沟宽最大200mm（宽）×300mm（深），建议优化为300mm×300mm成品排水沟，减少了排水不足的隐患。

3. 提高空间利用率方面。设计监理重点从调整布局、优化数量等方面提出了意见和建议，设计单位根据意见进行了修改后，提高了空间利用率，改善了空间效果。如以下几点建议：①审查发现地上各层空调风系统与排烟系统、排风系统风管交叉较多，建议优化，此问题经过三轮研讨，提高吊顶标高

100mm，改善了空间效果。②审查发现地下各层空调风系统、排烟系统、排风系统、电气给水排水系统管线交叉较多，建议优化，提高吊顶标高、后期研讨和BIM管综，改善了空间效果。

4. 改善使用功能方面。在充分吸取一期工程经验教训基础上，设计监理从人性化、满足基本功能等方面提出了建议和意见，设计单位根据意见进行了修改后，保证使用功能，提升了使用舒适性。如建议：①审查发现屋顶电梯机房、排烟机房、水箱间外门上方未明确设置雨棚，设计单位根据意见考虑设置雨篷，增加了屋顶外门雨篷，改善使用功能；②审查发现各子系统中采用了多种规格的光纤，建议各子系统统一光纤规格，如办公智能化网统一使用2根12芯单模光纤，便于后期运维管理。

5. 提升建设品质方面。设计监理从使用便利性、耐久性、绿色建筑设计等方面提出了意见和建议，设计单位根据意见进行了修改后，提升了使用舒适性和建设品质。如审查发现屋顶消防水箱间无供暖系统，根据建议调整后，消除了消防水箱受冻风险。

6. 满足规范要求方面。如项目审查发现卫生间坐便器厕位向内开启，进深尺寸不足1300mm，与《民用建筑设计统一标准》GB 50352—2019的要求不符。审查发现声光报警设在疏散门墙上，不满足《火灾自动报警系统设计规范》GB 50116—2013第6.5.1节要求。设计根据意见进行了调整。

7. 查漏补缺方面。如审查发现中无实装充电桩具体数量，以及慢充和快充充电桩的比例。审核过程中发现电梯轿厢内缺少监控摄像机的设置，设计进行了补充明确。高压一次系统图中标明了

设备品牌为施耐德，建议去掉品牌名称。审查发现变压器总容量出现16000kVA和15200kVA，表述不一致。设计进行了调整。

经过该工程项目设计监理的初步实践，设计监理工作按照设计监理合同规定，严格履行设计监理责任，按照法律法规、工程建设标准、监理委托合同及工程办相关文件开展工作，按设计阶段出具设计监理审查报告，设计院根据设计监理意见进行落实，在节约工程投资、减少质量安全隐患、提高空间利用率、改善使用功能、提升建筑品质、满足规范要求、查漏补缺等方面取得了一定成效，体现了设计监理的作用和价值，也验证了实施设计监理的可行性和必要性。

三、利用BIM技术对施工全过程进行精细化监理

（一）监督工程进展

每周召开BIM例会监督工程进展情况，督促施工单位按照报备的BIM及科技创新计划按时完成；检查BIM工作实施进度与施工进度的匹配性；对上期监理部反馈的BIM模型问题督促施工单位整改落实；监理部信息化管理员按智慧平台应用监理实施细则每周督查智慧建造平台文件上传情况。

（二）BIM模型审查

BIM模型审查要点：各部位标高、尺寸与图纸是否对应；BIM模型内各元素是否完整；BIM模型碰撞检查；重点区域标高控制；模型图模一致性；设计说明审核是否缺项或违反相关法规规范条文；图纸意见、热桥设计复核、埋件规格复核、深化设计优化建议等；设计计算书复核等。

监理工程师对施工单位的 BIM 模型进行审查，形成审查报告书。

（三）利用 BIM 技术进行质量控制

监理将通过对 BIM 技术进行三维空间的模拟碰撞检查，前瞻性地消除二维图纸中的错误，实现施工前整个项目的"预施工"，优化各构件之间的矛盾和管线排布方案，避免由各构件及设备管线碰撞等引起的拆装、返工和浪费，避免了采用传统二维设计图进行会审中未发现的人为的失误。

根据 BIM 在集成的数字环境中，使工程相关信息保持最新、易于访问，让项目所有的参与方实现信息实时共享，监理便能够更加迅速地提出合理决策，提高施工质量和效益，再利用 BIM 技术把施工方案中重要的施工工艺、流程模拟出来，发现问题并做好预防措施，避免施工中断导致工期延误，提高施工效率等保证施工质量。

通过 BIM 模型相关信息，监理工程师对施工现场有目的地进行检查，对关键工序、特殊工序进行旁站，以发现施工过程中与 BIM 相关模型的差异及其他质量问题，并及时予以纠正。

（四）基于 BIM 技术的进度控制

监理工程师将各专业信息进行整合，并将工程进度计划与三维模型各构件相关联，从而实现现场施工进度的 4D 虚拟建造过程。分析影响施工工期的主要因素，实现施工进度可视化管理。

当实际进度较进度计划滞后时，监理工程师进行原因分析，并根据工期滞后时间长短，通过发出监理指令预警，召开进度专题会议，暂扣进度支付款等手段，要求施工单位采取相应措施赶上工期。

（五）利用 BIM 技术进行造价控制

审核施工图预算工程量清单与模型构件的关联关系，审核变更模型工程量清单与模型构件的关联关系，审核深化设计模型工程量清单与模型构件的关联关系。

根据检验批及已验收的工程内容在工程项目管理平台上对承包人的工程款申请进行审核，并签发支付证书。

负责在工程项目管理平台中对承包人上报的每期完成工作量进行审核，并提供当月（期）付款建议书，经委托人认可后作为支付当期进度款的依据。

监理工程师依据质量验评流程中形成的构件验收信息表，确定已完工程量。已计量部分通过不同颜色显示在 BIM 模型中，避免漏算、重算等。便于监理人员对工程量及造价进行整体管控。

结语

通过开展设计监理工作，更深入了解业主意图，更熟练掌握设计图纸精髓并贯彻执行，同时减少错漏碰缺、优化图纸节省投资；对重要的工程材料设备延伸监理服务，保证重要建材设备的质量和供应进度；运用 BIM 技术等数字化手段用科技力量为监理赋能，大大提高监理工作效率。总之，通过创新工作方法，能提高监理服务水平、提升监理美誉度，促进监理行业长期健康发展。

参考文献
[1]《建设工程设计文件编制深度规定》(2016年版)》。
[2] 张善国，刘爽，白晨，等. 浅谈建筑工程设计监理工作[J]. 建设监理，2023（5）：19-20，48.

论提高监理服务水平与队伍建设的重要性

刘　锋

晋城市汇科建设监理有限公司

摘　要： 监理单位是一个具有高度服务性质的单位，同时也有很多的特殊性。我们在探讨如何提高服务水平的同时，离不开团队的力量，人才的培养，它们之间的关系是相辅相成的，缺一不可。一个好的团队，只有处理好这些微妙的结合点，通过创造和谐的团队氛围、建立团队成员的共同远景目标、树立有凝聚力的团队领导等途径来加强团队的管理，提高团队的生产力，团结一心，形成合力，团队才能取得辉煌的业绩。

关键词： 队伍建设；监理服务

2021年是党中央制定国民经济和社会发展第十四个五年计划和2035年远景目标，全面建成小康社会，开启全面建设社会主义现代化国家新征程的开局之年；也是我们党，我们国家和人民喜迎中国共产党建党100周年。随着全面脱贫攻坚胜利的号角吹响，全面建设社会主义现代化强国，全面建成小康社会的步伐，城市建设也突飞猛进。各项保障性、公益性、商业性和基础设施建设项目犹如雨后春笋，迅速铺展开来。这对我们建设工程监理行业来说，是一次全新的机遇，却也面临着前所未有的挑战。

一、如何提高监理服务水平

提高监理行业服务水平，就必须了解监理行业的性质以及提高从业人员的水准。

（一）监理行业的性质

1. 服务性

在工程建设中，工程监理人员利用自己的知识、技能和经验以及必要的试验、检测手段，为建设提供管理和技术服务。工程监理单位既不直接进行工程设计，也不直接进行工程施工；既不向建设单位承包工程造价，也不参与施工单位的利润分成。工程监理的服务对象是建设单位，但不能完全取代建设单位的管理活动；工程监理单位不具有工程建设重大问题的决策权，只能在建设单位授权范围内采取规划、控制、协调等方法，控制建设工程质量、造价和进度，并履行建设工程安全生产管理的监理职责，协助建设单位在计划目标内完成工程建设任务。

2. 科学性

科学性是由建设工程监理的基本任务决定的。工程监理单位以协助建设单位实现其投资目的为己任，力求在计划目标内完成工程建设任务。由于工程建设规模日趋庞大，建设环境日益复杂，功能需求及建设标准越来越高，新技术、新工艺、新材料、新设备不断涌现，工程建设参与单位越来越多，工程风险日渐增加，工程监理单位只有采用科学的思想、理论、方法和手段，才能驾驭工程建设。为了满足建设工程监理实际工作需求，工程监理单位应由组织管理能力强、工程建设经验丰富的人员担任领导；应有足够数量的、有丰富管理经验和较强应变能力的监理工程师组成的骨干队伍；应有健全的管理制度、科学的管理方法和手段；应积累丰富的技术、经济资料和数据；应有科学的工作态度和严谨的工作作风，能够创造性地开展工作。

习近平总书记曾说过：科学技术从来没有像今天这样深刻影响着国家前途命运，从来没有像今天这样深刻影响着人民生活福祉。

科学的手段、科学的方法、科学的理念都是社会主义现代化工程项目建设的最基本要求，一切违背科学原则的路径，终将被这个飞速发展的现代化社会抛弃。

3. 独立性

《建设工程监理规范》明确要求，工程监理单位应公平、独立、诚信、科学地开展建设工程监理与相关服务活动。独立是工程监理单位公平地实施监理的基本前提。《建筑法》第三十四条规定：工程监理单位与被监理工程的承包单位以及建筑材料、建筑构配件和设备供应单位不得有隶属关系或者其他利害关系。工程监理单位要严格按照法律法规、工程建设标准、勘察设计文件、建设工程监理合同及有关建设工程合同等实施监理。在建设工程监理工作过程中，必须建立项目监理机构，按照工作计划和程序，根据判断，采用科学的方法和手段，独立地开展工作。

4. 公平性

公平性是建设工程监理行业能够长期生存和发展的基本职业道德准则。特别是在处理甲、乙双方发生利益冲突或矛盾时，工程监理单位应以事实为依据，以法律法规和有关合同为准绳，在维护建设单位合法权益的同时，不能偏袒建

设单位侵害施工单位的合法利益，也不能串通施工单位损害建设单位的利益。这就是考验监理行业的天平，考验监理从业人员的职业道德及自身素养。

（二）监理从业人员的水准

作为一个建设工程项目的监理单位，"三控、两管、一协调"即工程进度控制、工程质量控制、工程投资控制、合同管理、信息管理、全面组织协调，是监理单位的职责所在。以施工合同、行业标准、设计变更文件、设计图纸等为依据对在建工程进行检查和验收，是监理人员在开展监理工作时应当坚持的基本原则。这是监理从业人员的专业素养、道德素质、世界观、人生观、价值观的一种体现，也是考察监理从业人员工作水平的重要指标。

现在很多监理单位为了企业的生存和发展，在工程中标后，不是拿出精力去研究图纸，研究如何做好项目"三控、两管、一协调"，而是拿出大部分精力和时间去搞好和建设单位以及施工企业的关系，既要替建设单位做相应的监督管理工作，又要和施工单位达成某种默契。许多监理人员在监理工作中不作为，少作为，乱作为或者监理职责履行不到位，在工程的建设过程中形同虚设，工程方面的质量控制和进度控制完全靠工程承包商的自身管理。甚至有的监理人员在工程中玩忽职守，利用职权牟取私利，伤害工程建设单位的利益和工程利益。在这种情况下，工程建设单位觉得自己出了钱没有取得预期的效果，甚至适得其反，觉得付出的代价不值，对监理也就越来越不信任。

要想扭转这种局面，就必须加强监理从业人员的自身水平和业务素质。俗话说"打铁还需自身硬""软肩膀挑不起

硬担子"，要想扛得了重活、打得了硬仗、担得起重任，就必须不断"苦其心志"，经历千锤百炼，真正锻造出高强本领，以及"百毒不侵"的强大思想意志和超凡的自制力。只有时刻保持危机感、紧迫感，对监理行业的职业操守、不断更新的监理服务理念提前学习，抓紧学习，相信磨刀肯定不误砍柴工。

更有甚者，"只会拿证不会干活"，部分监理从业者"满腹经纶"，行业知识无所不通无所不晓，手持相关执业证件，却对建筑工程施工过程及管理一窍不通，也不愿从事相关职业。而从事相关职业的老一辈工程技术负责人却考取不了相关证件，从事着相关职业却没有执业证书。

针对此类情况，呼吁相关管理单位，对此事业充满热情、职业操守规范、有相关工作经验的老同志，适度放宽执业证书考取资格，让真真正正能服务于此行业的人员拥有相关的执业资格，以便此类同志更好地为监理行业服务。习近平总书记说过，人民对美好生活的向往，就是我们的奋斗目标！此类同志有服务于此行业的向往，我们就给他们一种希望，更要注重此类人员的培训学习，让他们多接触新事物，接受新思想，贯彻新理念，相信他们会兢兢业业工作，缔造自己的辉煌！

二、监理机构的队伍建设

团队建设是每个单位、机构的重中之重。一个团队，一个部门，一个组织，如果没有很好的凝聚力，像一盘散沙，那这个团队、组织、部门存在的意义也就不大。这样的一群人，心不往一处聚，力不往一处使，也就不能叫团队，最多

算是个团伙罢了。

（一）监理机构队伍精神的重要性

团队建设的好坏，象征着一个组织是否有实力，能不能持续发展壮大。电视剧《亮剑》中，李云龙带领的独立团就是一支强悍的团队，一支拖不垮打不烂的部队，一支有气质、有性格的团队，这与首任军事指挥官或者说是团队的创始人有关，李云龙作为这支队伍的指挥官，性格强悍，这支部队就强悍，这支部队就有了灵魂，从此之后不管岁月流逝，人员更迭，灵魂仍在，精神仍在！

1. 优秀的组织者领导者

一般团体的组织者领导者都具有很强的能力和出色的人格魅力，一定是素养很好的品德修行家。

"大学之道在明明德，在亲民，在止于至善"。明明德，就是人要自明自悟自觉；亲民就是不但要自觉，还要觉他人；止于至善，就是要领着自己的团队追求真理。

2. 共同的事业目标与愿景

一个组织是否能一起走得更远、更久，归结于这个团队是否有共同的远景目标，也就是这个团队的信念，组织信念就是让团队成员排除万难，风雨同舟。

大家都知道，中国共产党能在任何时候都立场坚定，斗志昂扬，甚至抛头颅、洒热血，归根结底是因为共产党人都有一个坚定的信念，就是为人民谋幸福！共产党人始终"不忘初心、牢记使命"，才能坚定信念，一往无前，无所畏惧，才有了我们现在的岁月静好。

《西游记》中，唐僧师徒四人也是个团队，为了一个共同的目标而聚在一起，从此不管路途遥远，荆棘密布，妖魔缠身，鬼怪挡路，他们始终有一个目标，"向西"！历经千辛万苦，九九八十一难，最终取得真经，修成正果。

孔子曰："君子和而不同，小人同而不和"，只有一群有同样事业目标的人聚在一起，才能成就一番大事业。团队成员要有各自的分工，明白自己的责任，承担自己的职责，大家齐心协力，才能更好地达成团队的远景目标。正所谓"兄弟同心，其利断金"。

（二）如何提高队伍凝聚力

全世界语言文化中，只有中国人管官员叫"父母官"，军队叫"子弟兵"，这是全人类的向往，家庭性的叫法，这样才能团聚力量。其实，中华民族抗美援朝，起初领导人选派的部队名字叫作"中国人民支援军"，所谓抗击美帝国主义，支援朝鲜，后来领导人听取了一位民主进步人士的建议，改成了"中国人民志愿军"。"支援"仅仅是我们出于帮助，主体不是我们，而是朝鲜。"志愿"主体就是我们，要体现我们最可爱的人要团结一致，保家卫国。简简单单一个词的改变，改变了整个团队的力量。

（三）创造可持续发展的环境

企业在追求自身可持续发展的同时，也要兼顾员工的可持续发展。为了控制团队力量的流失，这就要求企业为员工提供一套完善的激励培训机制，营造良好的学习氛围，帮助员工实现自我成长，实现价值追求。企业的培训应该联系企业文化，着眼于细微之处，融落于生活之中，从做人点滴到做事精要，从理论到实践，全方位多角度地展开，培养员工的归属感、使命感。而员工的全面成长，也将为企业发展蓄备强大后

续动力，推动企业现代化管理步入良性循环的轨道。只有团队内部上下同心、协调一致，取得企业功绩，才能有个人的空间。同时，企业要建立一整套公正合理的考核体系，充分评估员工的优缺点，准确分工，以人适其位、人尽其责为原则，把平等、合作作为理念，深拢人心，建设一支默契团队。团队用人之道，宜以德为本，讲究量身定做，品行称先。对待个人主义、消极思想者，可及时警告，善利善导，仍不能促其矫正，则予以淘汰。而对待拥有不良品质者，则立刻开除队伍，绝无姑息余地。

（四）人才的培养

不论一个国家，还是一个单位，一个团体，一个组织，一个机构，都离不开对人才的培养。

习近平总书记曾这样讲道："我们要树立强烈的人才意识，寻觅人才求贤若渴，发现人才如获至宝，举荐人才不拘一格，使用人才各尽其能。"只有拥有了人才上的优势，才拥有实力上的优势。

人才培养不是一朝一夕的事，十年树木百年树人，一定要有长期的、高瞻远瞩性的人才培养机制，建立一套完整的考核办法，从思想品德、知识储备、工作能力、工作业绩等方面评比出更适合某岗位的人员。要不断进行专业知识的理论学习，在团队内部形成创优争先的良好风气和不断加强学习的良好氛围。要营造有利于创新创业的良好环境，让人才，尤其是青年人才如雨后春笋竞相成长、脱颖而出、各展其能。这样才能为一个团队注入新的血液，增加新的力量，全面发展，这样的团队才未来可期！

浅谈监理队伍建设和人才培养

兰志玉

山西新星项目管理有限责任公司

摘　要：笔者通过多年的监理工作实践，深刻认识到团队建设和人才培养对公司的发展壮大起着重要作用，但目前很多监理公司通过激烈竞争、低价中标监理项目后，监理投入不足、人员配置不足，人员素质及水平参差不齐，深深制约着监理队伍的建设和人才的培养。笔者在此提出一些观点，并结合所在公司的一些好的做法对监理队伍建设和人才培养进行阐述。

关键词：优质服务；团队精神；优秀总监；员工培训；绩效考核；人才激励

随着我国建设工程的高速发展，工程监理作为工程建设领域中的重要成员之一，势必面临着更多的机遇和更大的挑战。而监理服务工作的完成主要是靠监理人员去实现，因此监理队伍建设和人才培养成为衡量一个监理公司服务能力的关键因素。

一、贯彻落实优质服务

监理公司是服务性行业，要想创立品牌，赢得客户赞誉，必须牢固树立正确的服务意识、提供优秀的服务能力、创造良好的服务成果，这就需要造就一支优秀的监理团队。

笔者的工作单位山西新星项目管理有限责任公司就是紧紧围绕"优质服务"这条主线进行队伍建设和人才培养。人力资源部门在监理人员入职时严格把关，上岗前、假期间加强培训，员工的工作能力、职业操守均得到一定的提高；运营部门根据各投标中标工程情况、项目特点，在项目监理班子的总监任用、成员配备上下功夫，如果是正在培养阶段的年轻总监负责较大项目的监理任务，至少配备两名年长的、经验丰富的监理工程师辅佐；如果是一名总监担任两到三个项目的总监，那么该总监不能坐班的项目必定会安排潜在的总监培养对象担任总监代表，既能满足客户的服务需要，也能锻炼该培养对象的执业能力；监理成员配备根据监理工程专业特点的不同，进行优化组合，实现优劣互补，达到监理队伍、成员素质整体提高；工程监理部门不间断、不定期地对各项目监理部进行巡查、考评，对客户满意度进行回访，对优秀、积极的人员进行培养、重用，及时对监理团队存在的问题进行协调、对问题人员调整岗位或辞退，确保公司每一个监理项目的服务质量受控。

二、加强团队精神建设

项目监理部是检验企业文化建设成果的窗口，加强团队精神建设就是要在员工思想道德建设上、监理制度落实上、员工培训学习上、团队整体形象上"落地生根"。

笔者所在的公司正是通过用企业文化激励、培育员工，提高员工的积极性、主动性、创造性，最大限度发挥员工的潜能，来推动公司综合实力不断提升；公司还通过召开年会，组织交流会、年度评比表彰，举办员工体育、演讲比赛，对一线员工慰问，发放防暑用品、中秋及过年福利，为员工生日定制蛋糕，为办公室人员准备免费水果点心下午茶，组织对受灾地区捐款、对困难员工进行帮扶，组织集中学习、培训、考证，对部分员工进行思想沟通、单独谈心、教育引导，帮助年轻员工制订发展规划，不断健全管理制度，统一员工着装，组织员工定期体检，分批组织员工登山、旅游等方式，在团队建设中树立典型示范、升华思想道德、加强情感激励、注重形象塑造，同时也增强了团队的凝聚力和归属感；公司还提出"青年人才梯队建设"的团队建设理念，并在待遇、培养机制方面予以适当倾斜和关注，以实现"培养锻炼一批、提拔任用一批、重要岗位成就一批"的团队建设战略目标。

三、注重培养优秀总监

竞争的第一要素是人才，发展的第一要素也是人才。优秀的监理公司必然有一批优秀、合格的总监，总监的业绩、能力、行为、素养对监理公司和监理项目的重要性是毋庸置疑的。随着市场对个人业绩的逐渐认可，在许多项目的承接和实施过程中，总监已经成为决定成败的关键因素。如何培养造就优秀、合格的总监队伍是监理公司面临的迫切任务，也是监理公司生存和发展的关键。

笔者所在公司从以下几个方面着手。

1. 首先从社会上招聘、从一线监理队伍及总监代表中锁定、从人际网群中搜寻取得国家级监理工程师证书的人员作为备选总监；其次对备选总监的仪表谈吐、书面行文、工作资历、价值观、组织协调、业务技术、管理能力进行了解；然后准备一些总监工作过程中可能遇到的疑难问题、列举一些现场容易发生的特定案例，考核备选总监如何处理、如何协调、如何签发通知单及停工令，

评价备选总监的工作经验和个人能力；最后从备选总监中选出心理、业务、身体素质比较好的人员进入总监名单。

2. 利用春节期间的冬闲期，公司聘请行业专家、教授进行集中授课，并且从总监中优选几名进行备课、讲课，对总监们进行集中培训，授课内容包括但不限于：安全管理监理重点，危大工程控制要点，各专业质量通病的防控及处理，新工艺、新技术的应用和重点，专业的最新学术、技术动态等。在此期间要求每位总监就一年当中在项目上遇到的典型问题和处理方式进行发言，由于这些问题都发生在具体项目上，参与描述的总监对背景材料掌握得十分清楚，总工根据发言情况，选出比较有价值的问题，组织进行讨论，大大地提高了总监们的工作能力和综合处理问题的能力。

3. 组织总监们对项目监理部组建及运转中需要掌握的事项进行系统培训，诸如监理人员的选择、岗位设计和分析、不同类型项目岗位设置原则、岗位再培训的内容和方法、个体行为规律及影响因素、群体人际关系与冲突的防控、沟通管理及协调技巧、项目部如何做好团队建设、人才与岗位相结合后如何动态调整工作程序使之更具备效率等。

4. 建立总监工作群、考证群，共享规范、图集，统一购买课件、书籍，组织总监继续考取公路及水利国家监理工程师、注册安全工程师、一级建造师、造价工程师、咨询工程师等与公司发展相关的证书。

5. 开展年度总监绩效考核、评优活动，通过绩效考核、评优激发总监们工作过程中的主观能动性。

6. 加强总监们的思想建设，不断进行职业道德教育，禁止"吃、拿、卡、

要"现象，通过案例学习、解剖典型案例，警钟长鸣，使总监们时刻保持头脑清醒。

四、重视员工学习、培训

监理工程师只有持之以恒地学习才能在思想、经验、能力、认识上得到提高，才能适应新时代条件下的监理行业发展的要求。因此监理公司要重视员工的学习、培训，建立员工培训机制，加强员工的技术、经济、法律、管理方面的培训，并为他们提供实践机会。

笔者所在的公司不仅组织入职培训、岗前培训、参加协会培训，还尽力为员工创造学习条件，并设置丰厚奖励金，以鼓励员工考取国家级监理工程师证书。

五、推行人才激励制度

监理公司想要聚集人才、培养人才、留住人才，除了待遇稳定，还应从公司角度推行人才激励制度，通过科学的绩效考核和综合评价，实行灵活的奖罚制度和有效的晋升制度。

笔者所在的公司针对不同项目、不同人员、不同情况，分别制定了灵活的奖罚激励制度，如年度期权制、年底分红制、职业化制度、年薪制、业绩提成制、证书注册补贴制、末位淘汰制等，将优秀的人才与公司紧紧绑在一起，做到人尽其才、多劳多得，同时起到防微杜渐的作用，使其在面对个人诱惑时能够想到公司利益和公司形象。对于激励需求不仅仅局限于物质的人才，公司还根据该人才年龄、学历、资历为其设计个人发展规划，并提供有力的支持和良好的平台推动这个规划的实现。

关于监理工作安全监理责任的几点认识

任兆起

山西协诚建设工程项目管理有限公司

摘 要： 为加强建设工程安全生产管理，有效遏制各类建筑安全事故频繁发生，国务院相继出台一系列政策，特别是2020年9月1日《中华人民共和国安全生产法》正式施行，对安全生产提出了更高的要求，对监理单位的安全监理责任也更加明确。如何做好监理工作，需要正确分析监理工作面临的形势，重点把握监理工作的重点，尽快落实相关事宜。

关键词： 安全监理责任；形势；重点

为加强建设工程安全生产管理，有效遏制各类建筑安全事故频繁发生，国务院相继出台一系列政策，特别是2020年9月1日《中华人民共和国安全生产法》正式施行，对安全生产提出了更高的要求，对监理单位的安全监理责任也更加明确。为更好地贯彻落实《中华人民共和国安全生产法》，确保监理单位在监理活动中更好地发挥作用，最大限度防范安全事故发生，本文结合监理活动中的现实情况，浅谈个人的几点认识。

一、监理单位安全监理责任面临的形势

（一）政府监管检查督导力度加大

应急管理部门和其他负有安全生产监督管理职责的部门依法开展安全生产行政执法工作，对生产经营单位执行有关安全生产的法律、法规和国家标准或者行业标准的情况进行监督检查。目前，政府监管部门的检查频次增多、检查内容更全、检查力度更大。若发现问题，处置力度也在加大；若发生事故，处罚力度也更加细化。类似之前只挂名而不参与实地工作的现象，今后不会再出现，所有参与工程建设的人员全部采取实名制。

（二）建设单位建设程序不规范

当下有些建设单位组织的招标投标工作，依然存在应该公开招标的项目不公开招标，也存在将项目划分为小项目，采用化整为零的方式逃避招标，还有的应该公开招标却偷梁换柱地采取了邀请招标，更有甚者违规将招标范围进行了限定，依法应该招标的一些配套附属工程违规进行直接发包。在施工过程中，有的建设单位一味追求施工进度，任意压缩合理工期。监理在实际工作中得不到建设单位的支持，监理工作的"责、权、利"不一致，监理对施工现场无法实施控制。

（三）施工单位管理标准不高

部分施工单位人力资源管理薄弱，缺乏合理的、有效的人力资源管理体系；相当多的施工单位未建立健全预算管理制度；许多施工单位对风险认识不足，对潜在的市场风险、产品风险，简单归咎于市场竞争激烈、生存环境恶劣；还有一些施工单位不重视施工安全管理，施工现场管理混乱，施工组织管理体系

不健全，管理人员素质不高，施工人员安全意识薄弱，施工过程文明程度不高。上述这些问题的存在增大了安全监理工作的难度和执业风险。

（四）监理单位自身能力不够

当前，有相当一部分监理单位自身的安全体系未健全，监理自身安全管理薄弱，大多数项目监理部基本上都是由各专业监理工程师兼管各专业的安全，而且部分监理人员缺乏现场安全管理知识和经验，缺乏对现场隐患的敏感性，难以承担安全监理的重任，导致监理单位整体素质不容乐观，难以满足现阶段安全监理工作的需要。

二、监理单位安全监理责任防范应把握的重点

（一）建立健全安全监理责任保证体系

监理单位应建立健全安全监理保证体系，监理单位负责人对本单位监理工程项目的安全监理负全部责任，具体体现在：负责组织成立安全领导小组，规范公司安全管理统一领导、决策公司及各职能部门、事业部、项目部的安全管理相关工作。审核公司安全生产工作的理念、方针、目标，审核批准公司有关安全管理制度。审定公司安全总体发展战略，根据战略发展需要和内外部环境变化实时调整。研究部署公司总体安全管理工作，解决公司在安全管理中的重大问题。研究批准公司年度安全管理工作计划和用于安全方面的投入。

（二）项目监理机构应突出对工程的安全监理

项目总监委托任命授权书中明确规定，总监对工程项目的安全监理负责，

从开始组建项目监理部时，应结合工程项目特点、大小及复杂程度，配备专兼职安全监理工程师及安全监理人员，制定安全监理工作制度与工作流程，明确监理人员的安全监理职责，切实保证相关责任落实到位；总监理工程师要结合工程项目实际情况，对现场监理人员进行安全监理技术交底，提高监理人员在现场发现安全问题的能力。

（三）项目监理机构应重点审核施工单位关于安全生产方面的具体内容

工程开工前，监理项目部应对施工单位所报送的资料进行认真审核，重点应审核：①施工单位企业资质证书及安全生产许可证是否合法有效；②检查施工单位项目部安全生产管理体系建立和安全生产规章制度的制定情况；③项目经理及专职安全管理人员是否具有合法有效资格；④审核特种作业人员资格，做到相关证书与人员及身份证相符，特别要注意证书的有效期；⑤审查施工单位编制的施工组织设计中的安全技术措施和危险性较大的分部分项工程安全专项施工方案是否符合工程建设强制性标准要求；⑥审核达到一定规模的危险性较大的分部分项工程安全专项施工方案；⑦审核分包单位的企业资质及安全生产许可证，分包工程内容与范围必须符合法律规定及施工合同约定，总包单位在与分包单位签订分包合同的同时必须签订分包工程安全生产协议书，明确总、分包单位各自在安全生产方面的职责，防止发生事故后总、分包单位之间出现相互推诿、扯皮的现象；⑧审查施工单位对进场施工人员的安全"三级教育"及安全技术交底工作落实情况。安全教育及安全技术交底的内容应有针对性且应做好书面记录，交底人与被交底

人均应在三级安全教育卡和安全交底记录上签字，不得代签。

施工过程中，监督施工单位严格按照已经审批（审查）通过的施工组织设计和专项施工方案组织施工，当监理人员发现工程存在安全事故隐患时，应该及时要求施工单位整改或者暂时停止施工，并同时报告建设单位。施工单位拒不整改或不停工整改的，监理单位应当及时向工程所在地建设主管部门报告。对已经经过审批的危险性较大的分部分项工程的专项施工方案，施工单位要进行重大调整或者变更时，监理项目部应要求并督促施工单位按原程序重新办理编制、审核、批准和报审手续，经过专家论证的专项施工方案必须重新组织专家进行论证；安全监理人员必须对施工现场进行日常的安全巡视检查并形成安全巡视检查记录。根据施工现场的实际情况，定期或不定期地由项目监理部组织，有建设单位、施工单位（含分包单位）相关人员参加，对工程现场进行安全检查，重点检查项目经理等施工管理人员到岗及专职安全管理人员配备情况，检查施工单位安全生产管理体系的建立、安全生产责任和安全生产管理措施的落实情况，抽查施工现场特殊工种作业人员持证上岗情况；对施工单位进场投入使用的施工起重机械和整体提升脚手架、模板等自升式架设设施前，应要求施工单位组织有关单位进行验收，也可以委托具有相应资质的检验检测机构进行验收，要求其提供有相应资质的检测机构出具的检测合格证明。使用承租的机械设备和施工机具及配件的，由施工总承包单位、分包单位、出租单位和安装单位共同进行验收。验收合格的方可使用。检查施工现场各种安全标志和安全防护

措施是否符合强制性标准要求，并检查安全生产费用的使用情况；在施工过程中，对于工程的重点工序、关键部位，特别是危险性较大的分部分项工程，项目监理部必须检查施工企业现场安全管理人员到岗、特殊工种人员持证上岗以及施工机械完好情况；现场跟班监督执行施工方案以及工程建设强制性标准情况，及时发现和处理旁站监理过程中出现的质量、安全问题，旁站监理记录中必须如实准确地反映施工安全情况；工程竣工后，监理单位应将有关安全生产的技术文件、验收记录、监理规划、监理实施细则、监理月报、监理会议纪要及相关书面通知等按规定立卷归档。

三、监理单位安全监理责任防范应抓紧落实的具体事宜

《中华人民共和国安全生产法》实施以来，有不少企业因为违反行业规定受到不同程度的处罚，所以建议尽快落实以下几个方面的内容。

1. 尽快在企业内部开展全员普法行动，尤其要让企业的主要负责人和各级管理者正确地认识学习新安全生产法，特别是新修订的一些重要的条款。

2. 尽快修订企业全员安全生产责任制以及与之相适应的考核标准，要充分落实管行业必须管安全、管业务必须管安全、管生产必须管安全的要求。

3. 重新评审完善企业的双重预防机制的建设工作，这个目标不能只停留在文件层面，一定要落地生根，确保企业风险源得到辨识，并通过分级管控的方式，确保各项风险管控措施能真正发挥作用。

4. 针对新安全生产法修订的要求，去完善企业内部的相关规章制度、操作规程和应急预案，通过这些措施来推动安全生产标准化落地。

5. 要基于新安全生产法的要求，建立一份完善的安全生产合规清单，结合这个清单内容，去比对、去审计、去查漏补缺，尤其是涉及有法律责任条款的内容。

福建省工程监理与项目管理协会

福建省工程监理与项目管理协会前身为福建省建设监理协会，成立于1996年。为适应行业发展的需要，2005年更名为福建省工程监理与项目管理协会。在福建省住房和城乡建设厅社会组织行业党委的领导和福建省民政厅的监督指导下，做好桥梁纽带和参谋助手作用。协会秉持"一切为了会员，为了会员一切，为了一切会员"服务理念，始终与监理企业面向未来，创新发展。协会按要求建立党支部，设有监事会、自律委员会、咨询委员会、通信委员会和秘书处，设有两个专家库，配有专业法律顾问。现有1272家单位会员，6位个人会员。协会创建"福建建设监理网"和"福建监协"微信公众号，年浏览量超过60万次，已经成为会员了解监理行业政策和协会动态的重要宣传窗口。2021年，经福建省民政厅评估，获得4A级社会组织等级。

协会党支部全体党员、会员单位深入学习贯彻习近平新时代中国特色社会主义思想，推动习近平总书记对福建工作的重要讲话指示精神落地见效。党支部积极响应《福建省民政厅福建省扶贫开发领导小组办公室关于印发〈"阳光1+1（社会组织＋老区村）牵手计划"行动方案〉的通知》（闽民老区〔2019〕153号）等文件号召，积极参加开展"阳光1+1"活动，对口帮扶南平市延平区巨口乡上埔村，并捐赠20万元用于上埔拱桥头廊桥及步道工程。协会结对福州国光社区开展"有福之粥 暖心情浓"第十一届拗九节敬老活动暨"强国复兴有我"主题活动，入户走访慰问辖区79岁以上的老人。

协会根据《福建省建设监理行业自律公约》《福建省建设监理行业自律公约实施细则》等相关规定，开展行业自律宣传行动并积极倡导会员单位和在闽从业的监理企业，守住行业底线，坚持提供标准化、高质量的监理及相关服务，维护行业整体利益。对于低价招标项目，协会向招标人和招标监督机构发出建议函，建议招标人合理测算监理费控制价，为后续项目实施提供监理费用保障。对低价中标项目，协会自律委员会抽调专家成立调研组，通过走访项目部、与项目监理机构座谈交流、调阅内业资料、查看现场施工情况等形式，形成综合调研报告，呈送主管部门及有关单位。

近年来，协会在信息化建设、行业人才管理、标准规范研究等方面也进行了一些有益探索。在行业转型升级发展的道路上，协会望与全国同仁一道，互相交流，共同维护行业市场有序竞争，推动行业健康持续发展。

地　址：福建省福州市鼓楼区北大路113号菁华北大2-612室
电　话：0591-87569904 87833612
邮　箱：fjjsjl@126.com
微信公众号：福建监协

（本页信息由福建省工程监理与项目管理协会提供）

社团法人登记证书

2020年度福建省重点项目——宁化县医院新建监理服务项目（福建海川工程监理有限公司）

2020年福建省重点项目——星网锐捷科技园基地三期建设项目（福州成建工程监理有限公司）

2021年福建省建设工程省级优质工程——中共福建省委党校新校区建设项目（福建省中福工程建设监理有限公司）

2021年福建省重点项目——宁德市妇幼保健院工程项目（厦门长实建设有限公司）

2020年福建省重点项目——宁德核电厂生产生活附属设施项目综合楼（福州诺成工程项目管理有限公司）

2021年福建省建设工程省级优质工程——协生工业园（建发合诚工程咨询股份有限公司）

福建省工程监理与项目管理协会低价监理项目投标企业约谈会

重庆华兴工程咨询有限公司

忠州大剧院 2020—2021 年度国家优质工程奖

盘溪河、跳蹬河、肖家河流 重庆柏林公园　　重庆动步公园
域水环境综合整治工程

重庆武隆仙女山机场　　　红岩村嘉陵江大桥工程获第十五届中国
　　　　　　　　　　　　钢结构金奖

甘悦大道项目　　　　　　北京现代重庆工厂项目获 2016 年度中国钢
　　　　　　　　　　　　结构金奖

歇马隧道荣获 2021-2021 年度中国建 华岩石板隧道荣获 2020—2021 年度第
设工程鲁班奖　　　　　　一批国家优质工程奖

西藏广电文化中心　　　　重庆市江北城 CBD 区域江水源
　　　　　　　　　　　　热泵集中供冷供热项目获 2018—
　　　　　　　　　　　　2019 年度国家优质工程奖

一、历史沿革及股权结构

重庆华兴工程咨询有限公司（原重庆华兴工程监理公司）是重庆两江新区下属国有独资企业，隶属于重庆市江北嘴中央商务区投资集团有限公司，注册资本金 1000 万元。

公司前身是始建于 1985 年 12 月的重庆江北民用机场工程质量监督站，是西南地区首家国家甲级资质监理单位。1991 年 3 月，经市建委批准组建为重庆华兴工程监理公司，公司自 1993 年 5 月 27 日在渝中区市场监管局工商登记注册成立，是具有独立法人资格的建设工程监理及工程技术咨询服务性质的经济实体。

历经三十载风雨，始终屹立在建筑行业最前沿，以"追求卓越，止于至善"为目标激励公司在新时代行稳致远，砥砺前行。

二、企业资质及经营范围

公司于 1995 年 6 月经建设部批准为重庆地区首家国家甲级资质监理单位。拥有工程监理综合资质、设备监理甲级资质和城市园林绿化乙级监理资质、工程招标代理资质、中华人民共和国中央投资项目招标代理机构预备级资质、工程造价咨询乙级资质、交通建设公路工程丙级监理资质，经营范围涵盖建设工程监理、全过程工程咨询、项目管理、招标代理、造价咨询、交通建设监理、工程（投资）咨询、设备监理等工程建设服务。

三、体系认证

公司具有健全的质量管理体系、职业健康安全管理体系、环境管理体系，于 2001 年 12 月 24 日首次通过中国船级社质量认证公司认证，取得了 ISO 9000 质量体系认证书。2007 年 12 月经中质协质量保证中心审核认证，公司通过了三体系整合型认证。

四、人力资源

公司现有员工 700 余人，持国家各类注册执业资格证人员 300 余人次，可有效提供全方位、全过程的项目管理及咨询服务。

五、公司业绩

业绩分布云、贵、川、藏、闽、粤等 20 多个省市，迄今为止，公司已累计完成工程监理、设备监理、招标代理、造价咨询、项目管理等工程咨询项目 3000 余个，先后获得"中国建筑工程鲁班奖""国家优质工程奖""全国市政金杯奖""全国先进监理企业""全国守合同重信用企业""中国安装工程优质奖"等国家级奖项 300 余个；获得"全国先进监理企业""全国守合同重信用企业""全国工人先锋号"等国家级荣誉称号 30 余项。

六、行业贡献

公司是中国建设监理协会理事单位、重庆市建设监理协会副会长单位，是渝中区政府重点扶持的咨询服务总部企业，是中国设备监理协会、重庆市建筑业协会等会员单位。公司多次参与起草、修编、审订了《重庆市建筑地基基础设计及施工规范》《建筑施工现场管理标准》《住宅工程质量通病控制标准》《重庆市居住建筑节能设计标准》等地方规范、标准文件。经过长期熔炼，公司已提炼出"构筑智慧，为城市创造价值"的企业使命，并形成了"追求卓越，止于至善，成为行业中具有公信力的名牌工程咨询公司"的企业愿景。

地　址：重庆市渝中区临江支路 2 号合景大厦 A 栋 19 楼
电　话：023-63729596　63729951
传　真：023-63817150
邮　箱：hxjlgs @ sina.com

（本页信息由重庆华兴工程咨询有限公司提供）

建基工程咨询有限公司

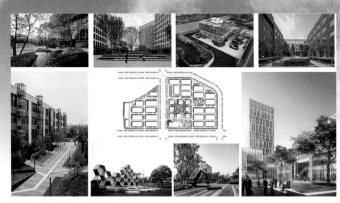

中商国荣健康医疗产业园

建基工程咨询有限公司成立于 1998 年，是一家以建筑工程领域为核心的全过程咨询解决方案提供商和运营服务商。拥有 39 年的建设咨询服务经验、30 年的工程管理咨询团队、25 年的品牌积淀，十年精心铸一剑。25 年来，公司共完成 9000 多个工程建设工程咨询服务项目，工程总投资约千亿元，公司所监理的工程曾多次获得"詹天佑奖""鲁班奖"、国家优质工程奖、国家钢结构金奖、河南省"中州杯"及地、市级优质工程奖。

公司采用多种组织方式提供工程咨询服务，为项目决策、实施和运维阶段持续提供碎片式、菜单式、局部和整体解决方案。公司可从事建设工程分类中，全类别、全部等级范围内的全过程咨询服务、建设项目咨询、造价咨询、招标代理、工程技术咨询、BIM 咨询服务、项目管理服务、项目代建服务、监理咨询服务以及工程设计服务。

公司是"全国监理行业百强企业""河南省建设监理行业骨干企业""全过程工程咨询 BIM 咨询公司综合实力 50 强""河南省全过程咨询服务试点企业""河南省程监理企业二十强""河南省先进监理企业""河南省诚信建设先进企业"，是中国建设监理协会理事单位、《建设监理》常务理事长单位、河南省建设监理协会副会长单位。

目前，公司各类技术人员有 1200 余人。其中注册监理工程师 235 人、造价工程师 21 人、一级注册建筑师 2 人、注册公用设备工程师（给水排水）2 人、注册公用设备工程师（暖通空调）2 人、注册电气工程师（供配电）2 人、人防监理工程师 23 人、一级注册结构工程师 3 人、注册规划师 2 人、一级注册建造师 29 人、其他注册工程师 50 人；专业监理工程师 800 余人，拥有一支技术种类齐全、训练有素、值得信赖的工程建设咨询服务队伍。

目前，公司具有工程监理综合资质（涵盖公路工程、水利水电工程、港口与航道工程、农林工程、建筑工程、市政公用工程、机电安装工程、民航工程、铁路工程、电力工程、通信工程、冶金工程、矿山工程、石油化工工程），建筑行业（建筑工程）设计甲级、工程造价咨询甲级资质，政府采购招标代理、建设工程招标代理资质，以及工程勘察工程测量专业乙级、水利工程施工监理乙级、人防工程监理乙级、市政行业（排水工程）专业设计乙级、市政行业（桥梁工程）专业设计乙级、市政行业（道路工程）专业设计乙级、建筑行业（人防工程）专业设计乙级、水土保持工程施工监理专业乙级、商物粮行业批发配送与物流仓储工程专业设计乙级、风景园林景观设计乙级等资质。

企业文化：建基咨询一贯秉承"严谨、和谐、敬业、自强"的企业文化精髓，坚守"思想引领、技术引领、行动引领、服务引领"的建基梦，努力贯彻"热情服务，规范管理，铺垫建设工程管理之基石；强化过程，再造精品，攀登建设咨询服务之巅峰；以人为本，预防为主，确保职业健康安全之屏障；诚信守法，持续改进，营造和谐关爱绿色之环境"的企业质量方针。

多年来，公司发挥行业引领作用，紧握时代脉搏，积极承担社会责任。疫情期间，积极参与疫情防控医院建设监理，深入一线抗疫，捐款捐物支援灾后重建；连续 8 年持续资助贫困地区教育和社区建设，用行动践行着一个企业的责任与担当。

公司以梦为马，积极进取，精诚合作，勠力同心力同心，为成就"服务公信，品牌权威，企业驰名，创新驱动，引领行业服务示范企业"的愿景而不懈奋斗！公司愿携手更多建设伙伴，科技先行，持续赋能，用未来十年眼光谋发展大计，以科学合理的咨询服务体系，为建筑企业数字化转型赋能，为中国宏伟建设蓝图踵事增华！

（本页信息由建基工程咨询有限公司提供）

漯河制鞋供应链产业园项目

黄河流域非物质文化遗产保护展示中心

郑州市四环路及大河路快速化工程

长治市公共卫生医疗中心

隋唐大运河文化博物馆

西华县第一职业中等专业学校

鹤壁工程技术学院新校区项目

吉林梦溪工程管理有限公司

江苏盛虹延迟焦化

广东石化五联合连续重整、石脑油加氢、氢气回收装置

陕京四线焊接机组

塔里木乙烷制乙烯项目——乙烯装置

中化泉州石化 100 万 t 年乙烯及炼油改扩建项目 10 万 t EVA 装置

尼日尔阿加德姆（Agadem）油田一体化项目——炼厂部分装置区夜景

神华包头煤化工有限公司 煤制烯烃项目年产 60 万 t 甲醇制烯烃装置（2009 年）

重庆巴斯夫 MDI 项目核心装置 CMDI 装置

独山子石化扩建工程——化工全压力罐区（2009 年）

哈萨克斯坦国家石油公司巴甫洛达尔炼厂 8 万 t 年硫磺回收项目

中国石油广西石化千万 t 炼油夜景

吉林梦溪工程管理有限公司成立于 1992 年 11 月，原名"吉林工程建设监理公司"，隶属于吉化集团公司，1999 年 3 月独立运行；2000 年，随吉化集团公司划归中国石油天然气集团公司；2007 年 9 月，划归中国石油东北炼化工程有限公司；2010 年 1 月 6 日更名为吉林梦溪工程管理有限公司；2017 年 1 月 1 日划归中国石油集团工程有限公司北京项目管理分公司。

公司现有员工总数 1100 余人，具有高级职称 117 人，中级职称 792 人，具有各类国家注册类资质证书 386 人，拥有全国工程监理大师 1 名，IPMP 国际项目管理专业认证 29 人，IPMA 国际项目经理资格认证 3 人。

公司拥有工程监理综合资质，甲级设备监理单位资质 9 项、乙级设备监理单位资质 1 项、中国合格评定国家认可委员会颁发的检验机构能力认可资质。业务领域涉及炼油化工、油气储运、油田地面、煤化工、新能源、市政建筑工程等，可为客户提供全过程、一体化的工程咨询服务。能够为客户提供 PMC、IPMT、EPCM 以及项目管理与监理一体化等多种模式，开展了项目前期咨询、设计管理、采购管理、投资控制、安全管理、质量管理、施工管理、开车咨询、检查维修、运营维护等全过程或分阶段项目管理服务，以及专家技术咨询、工程创优等专项服务。目前，公司市场范围已覆盖国内 26 个省市自治区，业务遍及 10 余家大型国有企业集团，多次参与国外及涉外项目等。

截至目前，公司共承揽业务 3500 多项，参建项目总投资额达 6000 多亿元。公司是中国建设监理协会理事单位、中国设备监理协会副理事长单位，是中石油集团公司工程建设一类承包商，先后获得中国建设监理协会"全国先进工程建设监理单位"、全国化工工程建设质量奖审定委员会"化工行业创优质工程先进单位"、"中国安装工程优质奖（中国安装之星）"、"国家优质工程奖""新中国成立 60 周年百项经典暨精品工程""5A 优质精品工程""中国石油天然气集团公司优质工程金质奖"等奖共计 200 余项。

公司始终坚持以科技创新推动企业高质量发展的理念，自主研发了炼化项目信息平台、设备监理信息平台和项目监督管理控制中心，形成了"两平台一中心"的信息化管理新模式，运用云计算、大数据、人工智能、物联网等数字化技术，搭载无人机、执法仪、摄像头等智能互联设备，对现场实施全方位、全过程、全天候可视化动态监管。公司主编和参编了中油集团公司《工程建设承包商管理规范》《炼油化工建设工程监理规范》《建设工程焊工准入管理规范》《炼油化工建设项目交工技术文件管理规范》等一系列标准规范。

吉林梦溪工程管理有限公司始终坚持"为客户提供全过程工程咨询和项目管理服务"的企业使命和"诚信、敬业、担当、创新、合作、共赢"的核心价值观，现已发展成为中国石油化工行业监理的龙头企业，企业排名始终处于全国工程监理行业百强。

地　址：遵义东路 22 号吉林梦溪工程管理有限公司
电　话：0432-63978363

（本页信息由吉林梦溪工程管理有限公司会提供）

四川省建设工程质量安全与监理协会

四川省建设工程质量安全与监理协会成立于 1986 年 9 月，是由四川省住房和城乡建设厅主管的 5A 级社会组织。自建会以来，四川省建设工程质量安全与监理协会始终秉承"服务会员、服务行业、服务社会"的宗旨，紧密围绕党和政府中心工作，坚持"专家办会、专家治会"的理念，在提升建设行业质量安全总体水平、促进行业科技进步、提高从业人员素质等方面发挥着积极作用。经过 30 余年的积累完善，现已发展成为涉及建设工程领域的质量、安全、监理、检测、鉴定等各领域的综合性行业协会。

四川省建设工程质量安全与监理协会紧跟时代步伐，把握行业发展脉络，服务范围覆盖了建设行业的全产业链。主要服务内容包括：负责宣传贯彻执行国家有关基本建设和工程质量安全的法律法规和标准规范；承担行业科研项目，参与制定行业标准；为建设行业提供工程质量安全等技术、信息咨询服务，协助主管部门开展工程质量安全技术鉴定和咨询工作；开展行业评优评奖、信用评价、知识和技能竞赛等活动；开展省内、外同行业间和会员间的交流与合作；组织会员进行建设工程质量安全技术帮扶工作；开展工程质量、安全、监理、检测、鉴定人员等从业人员专项技能培训等。协会在加强建设领域持续健康发展，提升行业治理管理水平和履行社会责任方面开展了大量卓有成效的工作，获得了社会各界广泛认同。

随着中国经济发展方式转型的深化，建设行业高质量发展将成为永恒的主题。四川省建设工程质量安全与监理协会坚持在党和政府的指引下，不断增强凝聚力、向心力和提高服务水平，以平台搭建、资源整合等方式紧扣行业发展脉搏，为政府政策支持和会员发展助力，成为能够履行社会职能、自治管理、自律有为的现代化团体组织，实现"引领四川建设行业，打造国内一流品牌"的愿景。

安康杯知识竞赛

协会三届六次线上常务理事会

2023 年推动监理行业高质量发展若干措施宣贯

"天府杯"项目评审会

背景图：怡心湖线上观摩会

（本页信息由四川省建设工程质量安全与监理协会提供）

微电影活动大赛

2021 年协办"项目监理机构经验交流会"

监理协会党史学习交流会

组织吊装能手参加全国吊装职业技能竞赛

监理分会自律座谈会

2021 年吊装技能赛

2023 年检测行业创新发展交流会

观看党的二十大会议召开

质量管理小组培训

监理分会召开建设工程监理企业交流座谈会

世界大运会工程观摩会

缅怀革命先烈 传承红色基因

清明祭奠革命先烈

鉴定人员新训

质量控制成果学习交流会

西安交通大学科技创新港科创基地 8 号工程楼、9 号阅览中心获 2020—2021年度"鲁班奖"

西安电子科技大学南校区综合体育馆建设项目获 2018—2019 年度"鲁班奖"

西北大学南校区图文信息中心建设项目荣获 2010—2011 年度"鲁班奖"

西安地铁 4 号线装饰安装工程监理三标项目获 2010—2021 年度国家优质工程奖

新长安广场二期建设项目荣获 2020—2021 年度国家优质工程奖

中国西电集团有限公司智慧产业园（东区、西区）建设项目

西安交大一附院门急诊综合楼、医疗综合楼建设项目分别获得"雁塔杯""长安杯"奖

阿房一路（西三环至沣泾大道、复兴大道至丰邑大道）市政工程建设项目

西安西三环 C07 标段建设项目获 2011年国家市政金杯奖

西安世园会秦岭园工程建设项目

国家开发银行西安数据中心及开发测试基地全过程咨询项目

榆林市公安局业务技术用房及大数据应用中心建设项目

西安普迈项目管理有限公司

西安普迈项目管理有限公司（原西安市建设监理公司）成立于 1993 年，注册资本 2000 万元，是专业从事建设工程监理、全过程工程咨询服务、造价咨询、招标代理、工程咨询、工程造价司法鉴定的综合型咨询服务企业。现有员工逾千名，其中各类注册人员 300 余名。拥有工程监理综合资质、人民防空工程监理乙级资质及设备监理乙级资格，并且登记进入政府采购代理机构名单。

公司为中国建设监理协会理事单位、陕西省建设监理协会副会长单位、陕西省建设法制协会副会长单位、陕西省建设工程造价管理协会副理事长单位、西安市建设监理与全过程工程咨询行业协会副会长单位、陕西省招标投标协会理事单位、陕西省工程咨询协会理事单位。

公司法人治理结构完善、管理科学、以人为本、团结和谐，始终坚持规范化管理理念，不断提高工程建设管理水平，全力打造"普迈"品牌。近年来，公司加快数字化转型升级，已经建立了契合公司发展的数字化智能管理系统，搭建了集综合管理、工程监理、招标代理、造价咨询、全过程工程咨询、工程指挥中心在线培训于一体的数字化管理平台，充分利用信息技术、智能技术、BIM 技术，推动各类业务管理的标准化、流程化。实现了线上办公、资源共享、技术交流、流程审批、在线学习、远程监督检查、指导项目服务工作等功能，使数字化真正赋能企业为广大的业主提供优质服务。

在创新发展理念引领下，公司着力开拓项目管理和全过程工程咨询业务，在典型项目中积极探索，以顾客需求为服务切入点，以 BIM 等技术手段为支撑，用信息化等管理手段穿针引线，将全过程理念与系统工程方法应用到全过程工程咨询服务模式中。目前，公司已为国家开发银行西安数据中心及开发测试基地、榆林市公安局业务技术用房及大数据应用中心、西安医学院第一附属医院沣东院区（一期）、西安世园得宝等 30 余个项目提供全过程工程咨询服务。

30 年来，公司坚持"守法诚信、规范管理、爱护环境、安全和谐、追求卓越"的管理方针，精心服务好每一个项目，树立和维护"普迈"品牌良好形象。公司参建的项目荣获"中国建设工程鲁班奖""国家优质工程金奖""国家优质工程奖""中国钢结构金奖""市政金杯示范工程"等荣誉奖项，得到了社会各界的良好评价。公司先后荣获"全国先进工程监理单位""中国工程监理行业先进工程监理企业"、陕西省"优秀工程监理企业"、陕西省"先进工程监理企业"、陕西省"工程造价咨询先进企业"、西安市"先进建设工程监理企业"、西安市"先进监理企业"等荣誉称号。

地 址：陕西省西安市雁塔区太白南路 139 号荣禾云图中心 4 层
邮 编：710065
电话 / 传真：029-88422682

（本页信息由西安普迈项目管理有限公司提供）

西安四方建设监理有限责任公司

西安四方建设监理有限责任公司成立于1996年，是中国启源工程设计研究院有限公司（原机械工业部第七设计研究院）的控股公司，隶属于中国节能环保集团有限公司。现拥有工程监理行业综合资质、信息系统工程监理资质；机电安装、环保工程、古建筑工程、建筑装饰装修工程4项专业承包资质；取得国家级高新技术企业证书、数十项国家版权局计算机软件著作权及专利证书，同时具有商务部对外援助成套项目"管理企业、检查验收单位"双资格，是陕西省住房和城乡建设厅批准的陕西省第一批全过程工程咨询试点企业，受邀并完成中国工程建设标准化协会《建设项目全过程工程咨询标准》的编制。

公司目前拥有各类工程技术管理人员近500名，其中具有国家各类职业资格注册人员300余人次、国家注册监理工程师200余人次，中高级专业技术职称人员占比60%以上。

公司业务由工程监理拓展到项目管理、EPC总承包、造价咨询、全过程工程咨询等多业务板块。公司目前监理及管理工程2000余项，涵盖工业建筑、公共建筑、市政工程、热力热网、电力工程、化工石油、机电安装工程及节能环保行业的垃圾发电、风电、污水处理等领域，在20多年的工程管理实践中，所监理和管理项目连续多年荣获"鲁班奖""国家优质工程奖""中国钢结构金奖""中国市政工程最高质量水平评价奖""太阳杯""泰山杯""安济杯""长安杯""雁塔杯"等奖100余项，在业内拥有良好的口碑，赢得了客户、行业、社会的认可，数十年连续获得"中国机械工业先进工程监理企业""陕西省先进工程监理企业""西安市先进工程监理企业"荣誉称号。

公司于2017年正式启动信息化建设工作，坚持以项目管理为核心、以标准规范为导向、以信息化技术为载体的研发思想，打造出集OA办公、项目管理、项目协同、视频巡检等功能于一体的数字化管理平台，覆盖监理咨询服务全过程，实现了业务管理标准化、项目信息在线化、业务流程数字化、服务价值可视化，提高了建筑产业链数字化水平，并率先在监理行业取得了"工业化+信息化"、两化融合"AA"级认证。

公司紧跟国家"一带一路"倡议，积极布局海外，成功与20余个海外国家及地区达合作。在海外项目管理实践中，不断创新体制、机制和模式，开发出一套适合海外项目管理的新模式，为公司海外市场的持续开拓，提供有力支持。

公司依托中国节能环保集团有限公司、中国启源工程设计研究院有限公司的技术优势，始终遵循"以人为本、诚信服务、客户满意"的服务宗旨，以"独立、公正、诚信、科学"为监理工作原则，充分发挥项目管理、工程监理、工程咨询所积累的技术、人才和管理优势，竭诚为项目提供专业、先进、满意的技术服务，为业主创造价值。

（本页信息由西安四方建设监理有限责任公司提供）

2022年成都市青白江"一带一路"商品展示交易中心项目

宝鸡市中心医院港务区分院和宝鸡市感染性疾病诊疗中心项目

隆基绿能年产15GW高效单晶电池项目基建工程机电工程项目

泾河新城新能源产业基地项目

鱼化污水处理厂项目

龙南垃圾发电项目

莲湖区第三学校项目

迈得诺医疗科技园区项目

西藏航空西安运行基地项目

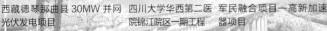

PUHCA 帕克国际
北京帕克国际工程咨询股份有限公司

北京帕克国际工程咨询股份有限公司成立于1993年9月，于2016年成功在新三板挂牌上市。公司是中国建设监理协会及中国工程咨询协会的会员单位，全国首批获得监理综合资质企业。

帕克国际公司不管是在超高层项目、城市综合体项目、体育场馆项目、五星及超五星级酒店项目，还是在大型市政、园林、水务等项目上，在全国都具有绝对的竞争优势，曾获得国家级奖项100余项。

不仅如此，帕克国际公司还多次参加北京市乃至全国地方规程、行业标准、国家规范的编写工作，为北京市乃至全国的行业进步作出了贡献。

公司依托人才、技术优势，以"国际化、专业化"的理念为指导，采用先进管理模式，强化管理创新，建设了规范化、制度化的管理服务平台。公司坚持"人才成就帕克，帕克造就人才"的用人理念，充分发挥高端人才集聚优势，搭建资本与智本对接平台，打造了精良、高水准技术服务团队。

企业使命：助造经典。

企业愿景：徜徉城市之间，遇见帕克之美。

企业精神：同心向上、科学创新、诚信服务、追求卓越。

核心价值观：砺己，利人。

诚信正直为本，感恩之心长存，专业高效树标杆，常学常新常自省，主动协作促共赢。

企业负责人：董事长胡海林，总经理白晨。

公司优秀业绩：

奥运场馆十多项　如水立方、国家速滑馆、自行车馆、五棵松冰上运动中心等。

北京城市副中心十多项　如副中心交通枢纽、副中心图书馆、城市副中心机关办公区工程B1/B2工程、城市副中心行政办公区C1工程、城市副中心C08项目、警卫联勤楼工程等。

机场十多项　包括北京新机场民航工程、北京新机场货运区工程、北京新机场供油工程、北京新机场南航基地工程、鄂州顺丰机场转运中心（72万 m^2）等。

超高层、综合体项目五十余项　如北京银泰、CBD三星总部大厦、天津周大福金融中心、武汉周大福金融中心、沈阳市府恒隆广场等众多省市级地标性超高层建筑。

大型三甲综合医院十多项　如北京安贞医院通州院区、北京积水潭医院回龙观院区、武汉泰康同济医院（全国抗疫先进单位）、北京大学人民医院等。

（本页信息由北京帕克国际工程咨询股份有限公司提供）

中国共产党历史展览馆——国家优质工程金奖、"鲁班奖"、钢结构金奖

国家版本馆中央总馆——"鲁班奖"、钢结构金奖

国家速滑馆——2022年北京冬奥标志性建筑，荣获"鲁班奖"、中国钢结构金奖年度杰出大奖

北京城市副中心站——亚洲最大交通枢纽

安贞医院通州院区——北京市最大在建医院项目

北京城市副中心图书馆——副中心三大共享建筑之一

天津周大福（530m）

武汉周大福金融中心（478m）

鄂州顺丰机场转运中心（72万 m^2）

兴平公司董事长于跃洋

河南开封东大化工

河南平顶山市光伏电站

中国平煤神马控股集团劳模小区

中国平煤神马控股集团尼龙化工氢氨工程

中国平煤神马控股集团医疗救护中心

中国平煤神马控股集团首山一矿

中国平煤神马控股集团尼龙科技己二酸工程

河南兴平工程管理有限公司
Henan Xingping Project Management Co.,Ltd.

河南兴平工程管理有限公司成立于1995年，隶属于中国平煤神马控股集团有限公司，注册资金1000万元。公司先后通过GB/T 19001—2016/ISO 9001：2015质量管理体系、GB/T 24001—2016/ISO 14001：2015环境管理体系、GB/T 45001—2020/ISO 45001：2018职业健康安全管理体系认证；是中国煤炭建设协会理事单位、中国建设监理协会化工分会理事单位、河南省建设监理协会常务理事单位、平顶山市建筑业协会会员单位、《建设监理》杂志理事会副理事长单位。2017年，公司被确定为河南省重点培育建筑类企业（2017—2020年），成为全过程工程咨询试点单位。

公司资质

公司现拥有矿山工程、房屋建筑工程、市政公用工程、化工石油工程、电力工程、冶炼工程等6项甲级监理资质；人防工程监理丙级资质。主要业务涉及矿山建设、机电安装、公路、桥梁、环保、化工、电力、冶炼、城市道路、给水排水、房屋建筑监理、工程技术咨询等领域。

人员结构

公司拥有工程管理技术人员260余人，其中各类国家级注册工程师90人，省、行业专业监理工程师155余人，具备工程建设全过程咨询管理能力。

业绩与荣誉

公司业务范围涉及内蒙古、青海、贵州、四川、湖北、山西、安徽、宁夏等10多个省市，承接完成和在建的项目工程700余项，其中国家、省部级重点工程近百项，完成监理工程投资额达600亿元以上，所监理项目工程合同履约率达100%。

公司被中国煤炭建设协会评为"全国煤炭行业二十强"，被中国建设监理协会化工监理分会评为全国"化工行业示范优秀企业""优秀监理企业"，被河南省建设监理协会评为"优秀工程监理企业""履行社会责任监理企业"，被河南省住房和城乡建设厅评为"河南省工程监理企业二十强单位"，被平顶山市建筑业协会评为"先进监理企业"。公司监理的工程多次荣获"中国建设工程鲁班奖"、煤炭行业"太阳杯"优秀工程、全国"化工行业示范项目奖"、河南省建设工程"中州杯"奖、河南省建设工程"结构中州杯"奖、河南省保障性安居工程安居奖、平顶山市"鹰城杯"等奖项。公司多个项目部荣获"全国煤炭行业十佳项目监理部"。

工作思路

公司坚持专业化发展、创新发展，秉承"诚信科学、严格管理、顾客满意、持续改进"的理念，努力打造管理一流、业务多元、行业领先的工程管理企业，竭诚为客户提供优质服务，确保工程安全质量，创建优质工程。

地　址：河南省平顶山市卫东区建设路东段南4号院
邮　编：467000
电　话：0375-2797972
传　真：0375-2797966
邮　箱：hnxpglgs@163.com

（本页信息由河南兴平工程管理有限公司提供）

广西建设监理协会

广西建设监理协会于 2004 年 10 月经广西民政厅核准登记成立，是全区从事建设监理以及相关的企、事业单位自愿组成的行业性协会，现有会员单位 437 家。协会始终以团结、服务、求实、创新为宗旨，竭诚为会员、行业、政府、社会服务，受到了广大会员和社会各界的认可和好评，具有较高的社会公信力，协会先后荣获广西"全区先进社会组织"和"5A 级社会组织"荣誉称号。

协会于 2010 年成立党支部，围绕"以党建促业务，以业务强党建"的工作理念，始终把党建工作摆在突出位置，不断加大党建工作力度、丰富党建工作载体，实现了党建工作与业务工作"双提升"。协会在立足岗位扎实做好工作的同时，不忘履行社会责任和义务，积极响应国家号召，聚力脱贫攻坚，助推乡村振兴，扎实开展"我为群众办实事"实践活动，发扬工程建设监理行业文化，让党建工作为业务工作引领方向、激发动力、提供保障，促进业务工作提质增效。

一直以来，协会按照科学发展观和构建和谐社会的要求，认真履行行业自律、行业维权、行业服务、行业交流、行业宣传等职责，制定行业自律公约，约束督促会员依法合规经营，维护公平竞争市场环境；参与行业改革发展、行业利益相关的决策论证，配合制定行业标准；加强省际行业交流，促进行业互动；组织职业培训，帮助会员企业提高素质、增强创新能力、改善经营管理；承接政府服务项目，拓展服务范围，提升服务效能；不忘初心使命，勇担社会责任，创新服务模式；加强行业文化建设，树立行业良好形象。

协会将以改革创新的工作思路、与时俱进的工作方式、求真务实的工作作风、热情周到的服务精神，践行行业使命和担当，充分发挥行业协会在经济建设和社会发展中的重要作用，为促进广西建设工程监理事业持续健康发展作出不懈的努力。

从 2020—2023 年连续 4 年承接广西民政厅的"社会组织评估"政府采购服务项目

（本页信息由广西建设监理协会提供）

中国建设监理协会王早生会长到本会调研

2022 年协会乔迁新址

协会获得多项荣誉

协会多年来积极助力脱贫攻坚和乡村振兴

赴大化七百弄乡弄京村开展结对帮扶活动

开展"参观红色基地 追寻革命精神"主题党日活动

积极开展行业调查研究

顺利承办 2022 年中国—东盟工程监理创新发展论坛

成功举办 2021 年中南地区部分省（区）建设监理协会工作交流会

成功举办 2023 年西部地区建设监理协会秘书长工作恳谈会十六次会议

中国铝业遵义 80 万 t 氧化铝项目

刚果（金）RTR 项目夜景全景照片

刚果（金）迪兹瓦矿业项目

北京市有色金属研究总院怀柔基地项目获得结构长城杯银质奖工程

北方工业大学系列工程获得多项建筑长城杯奖

印度 SKM 竖井项目荣获中国有色金属工业（部级）优质工程奖

大冶有色金属集团控股有限公司系列工程荣获多项中国有色金属工业（部级）优质工程奖

江铜年产 30 万 t 铜冶炼工程被评为新中国成立 60 年百项经典暨精品工程

缅甸达贡山镍矿项目荣获中国建设工程鲁班奖（境外工程）

谦比希铜矿东南矿矿区探建结合采选项目荣获中国有色金属工业（部级）优质工程奖

赤峰云铜有色金属有限公司环保升级搬迁改造项目荣获中国有色金属工业（部级）优质工程奖

鑫诚建设监理咨询有限公司

鑫诚建设监理咨询有限公司是主要从事国内外工业与民用建设项目的建设监理、工程咨询、工程造价咨询等业务的专业化监理咨询企业。公司成立于 1989 年，前身为中国有色金属工业总公司基本建设局，1993 年更名为"鑫诚建设监理公司"，2003 年更名为"鑫诚建设监理咨询有限公司"，现隶属中国有色矿业集团有限公司。

公司拥有冶炼工程、房屋建筑工程、矿山工程、机电安装工程、电力工程监理甲级资质，市政公用工程监理乙级资质，设备监理矿山设备和有色冶金设备甲级资质，火力发电站设备和输变电设备监理乙级资质。拥有对外劳务合作资质，工程招标代理机构资质，工程咨询甲级资信，QHSE 质量、健康、安全、环境管理体系认证证书，是中国建设造价协会 3A 信用企业。

公司成立近 30 年来，一直秉承"诚信为本、服务到位、顾客满意、创造一流"的宗旨，以雄厚的技术实力和科学严谨的管理，严格依照国家和地方有关法律、法规政策进行规范化运作，为顾客提供高效优质的监理咨询服务。公司业务范围遍及全国大部分省市及中东、西亚、非洲、东南亚等地，承担了大量有色金属工业基本建设项目，以及化工、电力、市政、住宅小区、宾馆、写字楼、院校等建设项目的工程监理、工程造价咨询、工程咨询、设备监造工作，在铜、铝、铅、锌、镍、锡、钨、钴、钛等有色金属，金银等贵金属和稀有稀土金属的采矿、选矿、冶炼、加工以及环保治理工程项目的咨询、监理方面，具有明显的整体优势、较强的专业技术经验和管理能力。

公司成立以来所监理的工程中有 7 项工程获得"鲁班奖"（其中境外工程"鲁班奖"3 项），22 项获得国家优质工程银质奖，129 项获得中国有色金属工业优质工程奖，26 项获得其他省（部）级优质工程奖，获得其他省（部）级安全施工奖、文明施工示范奖多项，获得北京市"长城杯"20 项，创造了丰厚的监理咨询业绩。

公司致力于打造有色行业的知名品牌，在加快自身发展的同时，关注和支持行业发展，积极参与业内事务，认真履行社会责任，大力支持社会公益事业，获得了行业及客户的广泛认同。1998 年获得"八五"期间"全国工程建设管理先进单位"称号；2008 年被中国建设监理协会等单位评为"中国建设监理创新发展 20 年先进监理企业"；1999 年、2007 年、2010 年、2012 年被中国建设监理协会评为"全国先进工程建设监理单位"；1999 以来连续被评为"北京市工程建设监理优秀（先进）单位"；2013 以来连续获得"北京市监理行业诚信监理企业"称号。公司多名员工获得"建设监理单位优秀管理者""优秀总监""优秀监理工程师""中国建设监理创新发展 20 年先进个人"等荣誉称号。

公司目前是中国建设监理协会会员、理事单位，北京市建设监理协会会员、理事单位，中国工程咨询协会会员单位，国际咨询工程师联合会（FIDIC）团体会员，中国有色金属建设协会会员、副理事长单位，中国有色金属建设协会工程监理分会理事长单位。

（本页信息由鑫诚建设监理咨询有限公司提供）

浙江江南工程管理股份有限公司

浙江江南工程管理股份有限公司成立于1985年，为国家电子工业部直属骨干企业，为国家重点工程建设项目提供全过程、专业化总承包服务，被建设部授予"八五"期间全国工程建设管理先进单位。历经38年的发展，目前已成为一家集团化、综合性的大型工程咨询企业，是中国工程咨询行业的探路者、先行者、践行者。

公司现有员工4500余人，其中各类国家级注册人员1800多人，注册人员数量位居行业第一位。下设造价咨询公司、建筑设计院等子公司，拥有工程监理、工程咨询、造价咨询、人防监理、设备监理、工程设计等覆盖工程建设管理全价值链最高等级资质，为房建、市政、水利、交通、能源、铁路等各领域业主提供前期咨询、设计管理、造价咨询、招标采购、工程监理、项目管理及代建、全过程工程咨询等全产业链的专业咨询服务，2017年被住房和城乡建设部列为全国首批全过程工程咨询试点单位。

集团业务范围覆盖20多个省、200多个地市级以上城市及17个海外国家，共设立32家分公司，年完成工程投资额3000多亿元。30多年来，累计获得70多项中国建设工程鲁班奖、200多项詹天佑奖、国家优质工程奖、市政金杯奖、水利工程大禹奖等国家级奖项，被住房和城乡建设部授予"全国工程质量安全管理优秀企业"荣誉称号，先后被浙江、山西等省级人民政府授予"重点工程建设先进单位"，被国家工商行政管理总局列为"全国守合同重信用单位"，荣获2021年杭州市西湖区人民政府质量奖，2022年杭州市人民政府质量管理创新奖，企业综合实力连续十多年位居全国前三位。

公司设立江南管理学院，开创同行业自主创办大学的先河，实施三层级、定制化、全覆盖的全方位人才培养体系，年累计培训1万多人次，为企业高质量发展输出了大批人才。2020年成立江南研究院，下设博士后工作站和院士工作站，开展近3年科研投入超亿元，承担国家、省及市科研课题，主编国家及行业标准，出版全咨系列专著，申请发明专利，创新研发各类工程检测设备，研发全咨2.0模式，加快科研成果转化，提高工程咨询科技附加值。2016年被列为国家高新技术企业，是咨询行业最早的高新技术企业之一。

公司积极拥抱数字化转型浪潮，结合互联网、物联网、BIM等新技术，创新工程管理方式和手段，打造"江南云"全要素、智慧化管控体系，实现业财一体化、项企一体化，快速提升企业运营效率，辅助企业科学决策；同时，建立工程咨询全产业链生态圈体系，打造工程咨询高端智库。

展望未来，江南管理有信心汇聚全体工程专业人才的智慧与创造力，创新服务模式，加快企业转型升级，以实际行动为中国工程咨询行业未来发展树立标杆，成为项目综合性开发领域的管理先行企业，倾力打造"诚信江南、品质江南、百年江南"。

公司总部办公大楼新址

（本页信息由浙江江南工程管理股份有限公司提供）

公司建筑信息模型（BIM咨询）技术中心

与重庆大学联合风洞实验室

杭州奥体博览城主体育场工程（2022年杭州亚运会主场馆）

西湖大学云谷校区——全过程工程咨询项目

浙江省之江文化中心建设工程——全过程工程咨询

中山大学·深圳建设工程——全过程工程咨询

鹏城实验室石壁龙园区一期建设工程——全过程工程咨询

海口市国际免税城项目——监理工程

深圳市公明水库—清林径水库连通工程——全过程工程咨询

杭海城际铁路工程

南宁市轨道交通3号线一期工程（科园大道—平乐大道）（"鲁班奖"）

斯里兰卡科伦坡莲花塔建设工程

协会举办企业劳动法律风险防范要求培训班

协会组织召开工程建设领域数字化技术发展报告会

宁波市建设监理与招投标咨询行业协会

宁波市建设监理与招投标咨询行业协会（原宁波市建设监理协会）成立于2003年12月6日。协会现有会员单位181家，主要由工程监理企业和招标代理机构组成。

协会的宗旨是：遵守宪法、法律、法规和国家政策，践行社会主义核心价值观，遵守社会道德风尚，贯彻执行政府的有关方针政策。维护会员的合法权益，及时向政府有关部门反映会员的要求和意见，热情为会员服务。引导会员遵循"守法、诚信、公正、科学"的职业准则，为发展我国社会主义现代化建设事业、建设监理与招标投标咨询事业和提高宁波市工程建设水平而努力工作。

自成立以来，宁波市建设监理与招投标咨询行业协会充分发挥桥梁和纽带作用，积极开展行业调研，反映行业诉求，参与及承担课题研究、政策文件起草和标准的制定，大力推进行业转型升级创新发展，强化行业自律，为解决行业发展问题、改善行业发展环境、促进行业高质量发挥了积极作用，所做的工作得到了同行和管理部门的肯定。先后被宁波市委市政府、宁波市民政局和宁波市服务业综合发展办评为"宁波市先进社会组织""5A级社会组织"和"商务中介服务行业突出贡献行业协会"。

今后，宁波市建设监理与招投标咨询行业协会将坚持党的领导，加强党建工作，积极拓宽服务领域，不断提高服务水平，在服务中树立信誉、在服务中体现价值、在服务中求得发展，脚踏实地做好各项工作，努力将协会建设成会员满意、政府满意、社会满意的社会组织，将协会的各项工作推上新的高度，为宁波市建设监理与招投标咨询行业健康发展发挥更大的作用。

协会组织会员单位赴象山开展党建活动

协会组织召开工程监理、造价咨询全过程案例分析分享会

协会组织召开行业自律工作会议

协会举办新版行业自律检查评定表启用暨安全生产监理培训会

协会举办全过程工程咨询培训班

协会举办纪念宁波市工程监理行业发展30周年座谈会

协会组织会员单位赴余姚梁弄镇横坎头村开展党建活动

协会组织会员单位赴嘉兴南湖开展党建活动

协会组织宁波监理企业参加全省监理行业迎国庆70周年趣味运动会

协会组织监理人员安全和消防技能提升培训

协会联合8家会员企业共同出资参加了宁波市民政局组织的社会组织助力对口帮扶地区脱贫攻坚现场认捐签约活动

协会联合举办"喜迎二十大 建功新时代"宁波市监理行业建设施工领域除险保安"百日攻坚"现场推进会

（本页信息由宁波市建设监理与招投标咨询行业协会提供）

武汉市工程建设全过程咨询与监理协会

武汉市工程建设全过程咨询与监理协会（原武汉建设监理与咨询行业协会）成立于1997年12月，受市城建局和市民政局的业务指导和监督管理，是由在武汉地区依法注册的从事工程建设全过程咨询与监理的企业、事业单位和相关经济组织自愿组成的全市性、行业性、非营利性社会团体。

党建联建聚合力，携手共建促发展。协会党支部始终坚持党对协会工作的全面领导，坚持正确的政治路线和舆论导向，多次开展"书记讲党课""二十大精神宣讲"活动。协会多次与会员单位开展共创共建活动，携手走进红色教育基地、走进施工现场，送课到项目工地，认真总结项目党风廉政建设经验，见证签署建设项目党风廉政建设责任书，层层压实全面从严治党主体责任。

秉承服务宗旨，搞好双向服务。近年来，协会采用大胆创新、整合资源、服务前置等方式，打好制度设计、课题研究、标准研定、行业培训、公益讲座、校企共建、职称受理等"组合拳"，多项服务保障行业高品质发展。作为武汉市常设行业职称受理点，累计完成中高级职称受理3131人次，赴企送课23次。公益空中课堂参与人数达84500人次，累计观看量达20万人次，直播点赞超5万，受到企业和从业人员欢迎。

丰富活动载体，激发行业活力。2021年网络知识竞赛如火如荼，2022年演讲大赛激情飞扬，行业人在巅峰对决中用匠心献礼党的二十大，用认知和热血诠释监理人严把工程质量安全关，扎实筑牢质量安全防线的职业理念。协会党支部和专家委创建了党史和工程质量安全专业题库，网络答题投票同步火热进行中，党员带头学习、带头答题，党员的参与意识和知识水平得到了普遍增强，累计参与人数近3万人，投票数达7万票。

践行社会责任，稳中求进提升品牌形象。与协会紧凑的工作节奏同频共振，行业协会"一刊一网一号"持续稳定地做好各类信息的及时发布与推送。2022年，协会首推微信公众号、视频号，内容包含专家课堂、分析讲评、演讲比赛等，同步开通抖音、西瓜视频等多媒体运营平台，收获网友大量点赞和转载。多年来，协会在抗疫救灾、乡村振兴、助学扶幼、关爱孤老等方面积极主动带领企业谋发展，为经济社会发展作贡献，得到了社会各界的高度肯定。

协会笃信，未来的武汉市工程建设全过程咨询与监理协会将进一步在加强行业党的建设、团结监理咨询企业、凝聚监理咨询人心、制定监理咨询标准、开展各类教育培训、交流全过程工程咨询工作经验、履行质量安全职责、打造行业文化、推动行业信息化、促进行业转型、推进行业自治、强化行业自律及精神文明建设等方面作出更多卓有成效的工作，真正成为全市监理与咨询会员企业的快乐之家、温馨之家、利益之家，为武汉市工程建设全过程咨询与监理事业的健康可持续发展作出应有的贡献。

2021年4月29日起，协会与武汉市总工会建筑行业工会联合会共同举办庆祝中国共产党建党100周年系列活动之"学党史 跟党走 强监理 尽职责"网络知识竞赛活动

2022年8月15日至11月15日，协会与武汉市总工会建筑行业工会联合会共同主办"安康杯——筑牢质量安全线匠心献礼二十大"演讲大赛

（本页信息由武汉市工程建设全过程咨询与监理协会提供）

2023年协会第三次获评"5A级社会组织"

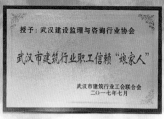

2017年，武汉建筑行业工会联合会授予"职工信赖'娘家人'"称号

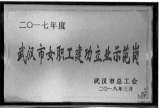

2018年，协会秘书处喜获武汉市总工会"2017年武汉市女职工建功立业示范岗"荣誉称号

2020年7月，被市民政局评为"武汉市抗击新冠肺炎疫情工作表现突出的市级社会组织"

2021年6月，被中共武汉市社会组织综合委员会评为"先进基层党组织"

2018年10月，为纪念工程监理制度推行30周年，武汉建设监理与咨询行业特别举办了"华胜杯"工程质量安全知识竞赛

2023年协会开展武汉市全行业党的二十大精神解读学习

2022年主题党日党建联建活动暨走进施工现场——共同见证签署廉政责任书

2022年参观"武汉抗战第一村"黄陂区姚家山村新四军第五师历史陈列馆

2022年赴老河口市鄂北特委革命纪念馆

2019年协会组织的"江城杯"歌运会隆重举行

海门市体育中心

南京大学苏州校区

南京市妇幼保健院丁家庄院区

河海大学长荡湖大学科技园（一期）

江南农村商业银行股份有限公司"三大中心"建设工程

凤凰和熙

狮山广场

苏州湾文化中心

启东文体中心

江苏大剧院

江苏建科工程咨询有限公司

　　江苏建科工程咨询有限公司（原江苏建科建设监理有限公司）是位居江苏省内工程咨询服务行业综合实力前列的多元化企业，总部位于江苏南京。公司组建于 1988 年，是全国第一批社会监理单位，率先开展建设监理及项目管理试点工作。公司连续三次被认定为高新技术企业，现为中国建设监理协会副会长单位、全过程工程咨询试点单位，具有工程监理综合资质、工程咨询单位甲级资信、军工涉密业务咨询服务安全保密资质、工程设计建筑专业乙级资质。

　　公司秉承"质量第一、信誉至上"的经营理念，不懈努力打造精品项目，深受行业好评。公司由初建时的监理业务逐步拓展为集全过程工程咨询、工程设计、工程监理、项目管理、造价咨询、招标代理、BIM 技术、第三方巡查、工程软件开发等于一体的综合型工程咨询企业。承接业务专业领域涵盖了房建、道路、医院、水厂、学校、轨道交通等各类专业领域。

　　公司坚持"自主创新"的科技理念，依托江苏省城市轨道交通工程质量安全技术研究中心、江苏省建筑产业现代化示范基地、南京市民用建筑监理工程技术研究中心、南京市装配式建筑 BIM 应用示范基地四大平台，攻克重大工程关键技术及管理难题，推动智能建造应用。

　　公司坚持"以客户为中心"的发展理念，致力于为客户提供最优质的工程咨询服务。现有员工 2100 余人，人才队伍专业齐全、年龄结构合理，已形成高起点、高层次的工程咨询团队，对工程项目实行全方位管理，赢得了客户的信任和赞誉。

　　面对市场机遇和挑战，公司继往开来，以打造"一流信誉、一流品牌、一流企业"为目标，积极倡导"以人为本、精诚合作、严谨规范、内外满意、开拓创新、信誉第一、品牌至上、追求卓越"的价值理念及企业精神，凭借优质的工程质量和完善的服务体系，以市场化、多元化的经营理念开拓发展，成为国内乃至国际上领先的工程咨询公司，为推动工程行业的发展和社会进步作出更大的贡献！

南京鼓楼医院

（本页信息由江苏建科工程咨询有限公司提供）

上海交通大学医学院附属瑞金医院海南医院（工程监理）

国家应急指挥总部建设项目（项目管理）

北京兴电国际工程管理有限公司

兴电国际
SCIENTECH

北京兴电国际工程管理有限公司（以下简称"兴电国际"）成立于1993年，是隶属于中国电力工程有限公司的央企，是我国工程建设监理的先行者之一。兴电国际具有国家工程监理（项目管理）综合资质，人防工程监理甲级资质，造价咨询资质，招标代理甲级、设备监理甲级、工程咨询及军工涉密业务咨询服务等资质资格，业务覆盖国内外各类工程监理、项目管理、招标代理及造价咨询等工程咨询管理服务。兴电国际是全国先进监理企业、北京市及全国招标代理和造价咨询最高信用等级单位，是中国建设监理协会常务理事单位、中国招标投标协会理事单位、北京市建设监理协会会长单位、中监协机械监理分会副会长单位、中国勘察设计协会人民防空与地下空间分会理事单位。

中国中医科学院中药科技园青蒿素研究中心（招标代理）

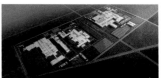
华晨宝马铁西新工厂（工程监理）

兴电国际拥有优秀的团队。现有员工1000余人，其中高级专业技术职称的人员近200人（包括教授级高工），各类注册工程师近400人，专业齐全，年龄结构合理，同时还拥有1名中国工程监理大师。

兴电国际潜心深耕工程监理。先后承担了国内外房屋建筑、市政环保、电力能源、石油化工、机电工程及各类工业工程领域的工程监理3000余项，总面积约4900万 m^2，累计总投资1500余亿元。公司共有400余项工程荣获中国土木工程詹天佑奖、中国建设工程鲁班奖、国家优质工程奖、中国钢结构金质奖、北京市长城杯及省市优质工程，积累了丰富的工程创优经验。

北京同仁医院（造价咨询）

印尼OBI 1 x 150MW+4 x 380MW动力岛工程（工程监理）

兴电国际聚力推进项目管理。先后承担了国内外房屋建筑、市政环保、电力能源及铁路工程等领域的项目管理140余项，总面积约160万 m^2，累计总投资520余亿元。在工程咨询、医疗健康、装修改造、PPP项目及国际工程等专业领域，积累了丰富的项目管理经验，率先跟随国家"一带一路"倡议的步伐走向国际。

兴电国际稳健发展招标代理。先后承担了国内外各类工程招标、材料设备招标及服务招标2700余项，累计招标金额600余亿元，其中包括大型公共建筑和公寓住宅、市政环保、电力能源及各类工业工程。

北京东南高速智慧物流港项目（工程监理）

莺歌海盐场纳潮湖（一期、二期）200MW光伏（工程监理）

兴电国际大力发展造价咨询。先后为国内外各行业顾客提供包括编审投资估算、经济评价、工程概（预、结、决）算、工程量清单、招标控制价，各类审计服务及全过程造价咨询在内的造价咨询服务800余项，累计咨询金额600余亿元，其中包括大型公共建筑和公寓住宅、市政环保、电力能源及各类工业工程。

兴电国际重视科研业务建设。全面参与全国建筑物电气装置标准化技术委员会（SAC/TC205）的工作，参编多项国家标准、行业标准及地方标准，参加行业及地方多项科研课题研究，主编注册监理工程师继续教育教材《机电安装工程》，担任多项行业权威专业期刊的编委。

兴电国际管理规范科学、装备先进齐全。质量、环境、职业健康安全一体化管理体系已实施多年，工程咨询管理服务各环节均有成熟的管理体系保证。公司重视发挥集团公司的国际化优势和设计院背景的技术优势，建立了信息化管理系统及技术支持体系，及时为项目部提供权威性技术支持。

辽宁省肿瘤医院沈抚示范区院区（全过程工程咨询服务）

雄安新区容东片区桥梁工程（工程监理）

兴电国际注重党建及企业文化建设，以"聚时一团火，散时满天星"的理念和"321"工作法开展党建工作，充分发挥引领群团的作用，培育和践行"创造价值，和谐共赢"的核心价值观，着力打造兴电国际品牌。秉承人文精神，明确了企业愿景和使命：建设具有公信力的一流工程咨询管理公司；超值服务，致力于顾客事业的成功。公司的核心利益相关者是顾客，顾客的成功将验证我们实现员工和企业抱负的能力。

兴电人将不忘初心，同舟共济，为服务的工程保驾护航，通过打造无愧于时代的精品工程来实现我们的理想、使命和价值，为客户、员工、股东、供方和社会创造价值！

（本页信息由北京兴电国际工程管理有限公司提供）

地 址：北京市海淀区首体南路9号中国电工大厦
电 话：010-68798201
邮 箱：xdgj@xdgj.com